EXAMINATION QUESTIONS AND ANSWERS
OF AMERICAN MIDDLE SCHOOL STUDENTS
MATHEMATICAL CONTEST FROM THE
FIRST TO THE LATEST (VOLUME VIII)

历届美国中学生
数学竞赛试题及解答

第8卷 兼谈Li-Yorke定理

1987~1990

刘培杰数学工作室 编

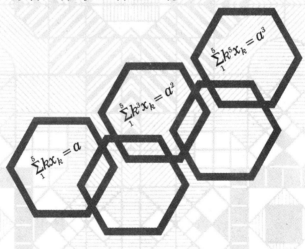

内容简介

美国中学数学竞赛是全国性的智力竞技活动,由大学教授出题,题目具有深厚的背景,蕴含丰富的数学思想,这些题目有益于学生掌握数学思想,提高辨识数学思维模式的能力,本书面向高中师生,整理了从1987年到1990年历届美国中学生数学竞赛试题,并给出了答案.

本书用于中学生、中学教师及数学竞赛爱好者参考阅读.

图书在版编目(CIP)数据

历届美国中学生数学竞赛试题及解答. 第8卷,兼谈 Li-Yorke 定理. 1987~1990/ 刘培杰数学工作室编. —哈尔滨:哈尔滨工业大学出版社,2017.5
ISBN 978-7-5603-6579-4

Ⅰ.①历… Ⅱ.①刘… Ⅲ.①中学数学课—题解 Ⅳ.①G634.605

中国版本图书馆 CIP 数据核字(2017)第 088401 号

策划编辑	刘培杰　张永芹
责任编辑	曹　杨
封面设计	孙茵艾
出版发行	哈尔滨工业大学出版社
社　　址	哈尔滨市南岗区复华四道街10号　邮编150006
传　　真	0451-86414749
网　　址	http://hitpress.hit.edu.cn
印　　刷	哈尔滨市工大节能印刷厂
开　　本	787mm×960mm　1/16　印张6　字数64千字
版　　次	2017年5月第1版　2017年5月第1次印刷
书　　号	ISBN 978-7-5603-6579-4
定　　价	18.00元

(如因印装质量问题影响阅读,我社负责调换)

目录

第1章 1987 年试题 //1
    1 第一部分 试题 //1
    2 第二部分 答案 //9

第2章 1988 年试题 //10
    1 第一部分 试题 //10
    2 第二部分 答案 //18

第3章 1989 年试题 //19
    1 第一部分 试题 //19
    2 第二部分 答案 //27

第4章 1990 年试题 //28
    1 第一部分 试题 //28
    2 第二部分 答案 //35

附录 李天岩—约克定理 //36
    1 从方程 $x=f^n(x)$ 的实根到自映射 f 的不动点与周期点 //36
    2 几个与之相关的竞赛题 //39
    3 李天岩关于 Li–Yorke 混沌的故事的自述 //45
    4 周期 3 蕴含混沌 //52
    5 线段自映射回归点的回归方式 //66
    6 推广到集值映射 //70

1987 年试题

第 1 章

1 第一部分 试题

1. $(1+x^2)(1-x^3)$ 等于( ).

   (A) $1-x^5$ (B) $1-x^6$
   (C) $1+x^2-x^3$ (D) $1+x^2-x^3-x^5$
   (E) $1+x^2-x^3-x^6$

2. 如图所示,从边长为 3 的等边 $\triangle ABC$ 上切去边长为 $DB=EB=1$ 的一角,则所剩四边形 $ADEC$ 的周长为( ).

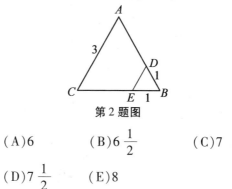

第 2 题图

   (A) 6 (B) $6\frac{1}{2}$ (C) 7
   (D) $7\frac{1}{2}$ (E) 8

1

历届美国中学生数学竞赛试题及解答.第8卷,兼谈Li-Yorke定理:1987~1990

3. 在十进制数中,小于100且个位数字是7的质数的个数为( ).

   (A)4   (B)5   (C)6   (D)7   (E)8

4. $\dfrac{2^1+2^0+2^{-1}}{2^{-2}+2^{-3}+2^{-4}}$ 等于( ).

   (A)6   (B)8   (C)$\dfrac{31}{2}$ (D)24   (E)512

5. 一学生对一组测量值记录了其精确的百分频数分布,如下表所示,但他忘记了标出这组测量值的总次数 N,则 N 的最小值可能是( ).

测量值	百分频数
0	12.5
1	0
2	50
3	25
4	12.5

   (A)5   (B)8   (C)16   (D)25   (E)50

6. 在如图所示的 $\triangle ABC$ 中,D 为其内一点,x,y,z,w 是所示各角的度数,则用 y,z 和 w 表示 x 的式子为( ).

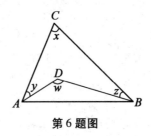

第6题图

(A)$w-y-z$　　　　(B)$w-2y-2z$
(C)$180°-w-y-z$　(D)$2w-y-z$
(E)$180°-w+y+z$

7. 若 $a-1=b+2=c-3=d+4$,则在 a,b,c,d 四个值中最大的是(　　).
(A)a　(B)b　(C)c　(D)d
(E)不能确定

8. 在如图所示的图形中,距离 AD 与距离 BD 的和是(　　).

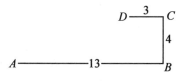

第8题图

(A)介于10与11之间　(B)12
(C)介于15与16之间　(D)介于16与17之间
(E)17

9. 一个等差数列的前四项是 $a,x,b,2x$,则 a 与 b 之比等于(　　).
(A)$\dfrac{1}{4}$　(B)$\dfrac{1}{3}$　(C)$\dfrac{1}{2}$　(D)$\dfrac{2}{3}$　(E)2

10. 非零实数组成的有序三元数组 (a,b,c) 具有下述性质:每个数是其他两数之积,这样的数组的个数是(　　).
(A)1　(B)2　(C)3　(D)4　(E)5

11. 设 c 为常数,方程组 $\begin{cases}x-y=2\\cx+y=3\end{cases}$,在第一象限内有一

组解(x,y)的充要条件是(　　).

(A)$c=-1$　　　(B)$c>-1$　　　(C)$c<\dfrac{3}{2}$

(D)$0<c<\dfrac{3}{2}$　　(E)$-1<c<\dfrac{3}{2}$

12. 某一天的不同时刻老板把信交给秘书打字,每次都将信放在秘书要打的信的上面,秘书有时间就将一摞信中最上面的那封信取来打. 假定共有 5 封信,且老板是按 1,2,3,4,5 的顺序交来,在下列各顺序中,哪一个顺序不可能是秘书打信的顺序(　　).
(A)12345　(B)24351　(C)32415　(D)45231
(E)54321

13. 将 5 cm 宽的长纸条绕一直径为 2 cm 的硬纸筒缠 600 圈成一直径为 10 cm 的圆筒(假定纸条缠成 600 个同心圆筒,它们的直径从 2 cm 均匀地变到 10 cm).以 m 为单位计,纸条的长度是(　　).
(A)36π　(B)45π　(C)60π　(D)72π　(E)90π

14. 如图,$ABCD$ 为正方形,M,N 分别是 BC 和 CD 的中点,则 $\sin\theta=$(　　).

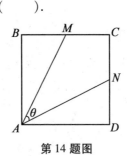

第14题图

(A) $\dfrac{\sqrt{5}}{5}$ (B) $\dfrac{3}{5}$ (C) $\dfrac{\sqrt{10}}{5}$ (D) $\dfrac{4}{5}$

(E) 以上全对

15. 若 (x,y) 是方程组 $\begin{cases} xy=6 \\ x^2y+xy^2+x+y=63 \end{cases}$ 的解,则 x^2+y^2 等于(　　).

(A) 13   (B) $\dfrac{1\,173}{32}$ (C) 55   (D) 69   (E) 81

16. 一密码员设计了以下给自然数编码的方法:首先把此自然数表示成5进制,然后将5进制表示中出现的数字与集合 $\{V,W,X,Y,Z\}$ 的元素建立一个一一对应,按此对应他发现三个递增的相邻的自然数分别被编成 VYZ,VYX,VVW,则被编成 XYZ 的数的十进制表示是(　　).

(A) 48   (B) 71   (C) 82   (D) 108   (E) 113

17. 在一次数学竞赛中,B,D 得分和与 A,C 得分和相等.若将 B,C 得分互换,则 A,C 得分和将超过 B,D 得分和.此外,还知 D 的得分比 B,C 得分和还多.假定所有得分都是非负的,那么从高分到低分排列顺序是(　　).

(A) D,A,C,B (B) D,A,B,C (C) D,C,B,A
(D) A,D,C,B (E) A,D,B,C

18. a 本代数书(所有代数书同样厚度)和 h 本几何书(所有几何书同样厚且比代数书厚)正好放满书架,且 s 本代数书和 m 本几何书能放满同一书架,最后,单独放 e 本代数书也可放满同一书架.已知

a,h,s,m,e 是不同的正整数,则 e 等于( ).

(A) $\dfrac{am+sh}{m+h}$ (B) $\dfrac{am^2+sh^2}{m^2+h^2}$ (C) $\dfrac{ah-sm}{m-h}$

(D) $\dfrac{am-sh}{m-h}$ (E) $\dfrac{am^2-sh^2}{m^2-h^2}$

19. 下列各数与 $\sqrt{65}-\sqrt{63}$ 最接近的数是( ).

(A)0.12 (B)0.13 (C)0.14 (D)0.15

(E)0.16

20. $\lg(\tan 1°)+\lg(\tan 2°)+\lg(\tan 3°)+\cdots+\lg(\tan 88°)+\lg(\tan 89°)$ 的值为( ).

(A)0 (B) $\dfrac{1}{2}\lg\dfrac{\sqrt{3}}{2}$ (C) $\dfrac{1}{2}\lg 2$ (D)1

(E)以上都不是

21. 等腰 $Rt\triangle ABC$ 中有两种作内接正方形的方法,如图(a)作的内接正方形面积是 441 cm^2,则同一个 $\triangle ABC$ 中按图(b)作的内接正方形面积是( ).

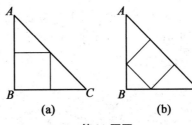

第 21 题图

(A)378 cm² (B)392 cm² (C)400 cm²
(D)441 cm² (E)484 cm²

22. 湖结冰时一球正漂在其上. 球取出后(未弄破冰),冰面上留下一个顶面直径为 24 cm,深为 8 cm 的空洞,问球的半径是多少厘米?( ).

(A)8 cm　(B)12 cm　(C)13 cm　(D)$8\sqrt{3}$ cm
(E)$\sqrt{6}$ cm

23. 若 p 为质数,且方程 $x^2+px-444p=0$ 的两根均为整数,则( ).

(A)$1<p\leq 11$　(B)$11<p\leq 21$　(C)$21<p\leq 31$
(D)$31<p\leq 41$　(E)$41<p\leq 51$

24. 满足条件 $f(x^2)=[f(x)]^2=f(f(x))$ 的次数大于等于1的多项式 f 的个数是( ).

(A)0　(B)1　(C)2　(D)大于2的有限整数
(E)无限多

25. $\triangle ABC$ 中,A,B 两点的坐标分别为 $A(0,0),B(36,15)$,点 C 的两坐标均为整数,则 $\triangle ABC$ 面积的最小值是( ).

(A)$\dfrac{1}{2}$　(B)1　(C)$\dfrac{3}{2}$　(D)$\dfrac{13}{2}$
(E)不存在最小值

26. 将 2.5 随机地分解成两个非负数之和,如 $2.5=2.143+0.357$ 或 $2.5=\sqrt{3}+(2.5-\sqrt{3})$,再把每一个数改为与它最接近的整数,如第一个式子的 2.143,0.357 分别改为 2,0;第二个式子的 $\sqrt{3},2.5-\sqrt{3}$ 分别改为 2,1,那么最后得的两整数和为 3 的概率是( ).

(A)$\dfrac{1}{4}$　(B)$\dfrac{2}{5}$　(C)$\dfrac{1}{2}$　(D)$\dfrac{3}{5}$　(E)$\dfrac{3}{4}$

27. 立方体 $C=\{(x,y,z)|0\leq x,y,z\leq 1\}$ 被平面 $x=y$,

$y = z, z = x$ 切开后分成多少个部分？( ).

(A)5   (B)6   (C)7   (D)8   (E)9

28. 设 a,b,c,d 是实数. 假定方程 $z^4 + az^3 + bz^2 + cz + d = 0$ 的所有根都在复平面上以 $0+0i$ 为中心, 半径为 1 的圆上, 则这些根的倒数和一定是( ).

(A) a (B) b (C) c (D) $-a$ (E) $-b$

29. 一数列递归地定义为: $t_1 = 1$, 对 $n > 1$, 当 n 为偶数时, $t_n = 1 + t_{\frac{n}{2}}$; 当 n 为奇数时, $t_n = \frac{1}{t_{n-1}}$. 若已知 $t_n = \frac{19}{87}$, 则 n 的各位数字之和为( ).

(A)15   (B)17   (C)19   (D)21   (E)23

30. 如图, $\triangle ABC$ 中, $\angle A = 45°$, $\angle B = 30°$. 直线 DE 将 $\triangle ABC$ 分成面积相等的两部分, 其中点 D 在 AB 上且 $\angle ADE = 60°$ (注意: 图不一定准确, 点 E 也可能在 CB 上), 那么比值 $\frac{AD}{AB}$ 是( ).

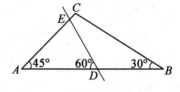

第 30 题图

(A) $\frac{1}{\sqrt{2}}$ (B) $\frac{2}{2+\sqrt{2}}$ (C) $\frac{1}{\sqrt{3}}$ (D) $\frac{1}{\sqrt[3]{6}}$

(E) $\frac{1}{\sqrt[4]{12}}$

2 第二部分 答案

1. D 2. E 3. C 4. B 5. B 6. A 7. C 8. C 9. B
10. D 11. E 12. D 13. A 14. B 15. D 16. D
17. E 18. D 19. B 20. A 21. B 22. C 23. D
24. B 25. C 26. B 27. B 28. D 29. A 30. E

1988 年试题

1 第一部分 试题

第 2 章

1. $\sqrt{8} + \sqrt{18} = ($).

   (A) $\sqrt{26}$ (B) $2(\sqrt{2}+\sqrt{3})$ (C) 7
   (D) $5\sqrt{2}$ (E) $2\sqrt{13}$

2. $\triangle ABC \backsim \triangle XYZ$，顶点 A,B 分别与 X,Y 对应. 如果 $AB=3$, $BC=4$, $XY=5$, 那么 YZ 的长是(   ).

   (A) $3\frac{3}{4}$ (B) 6 (C) $6\frac{1}{4}$ (D) $6\frac{2}{3}$ (E) 3

3. 如图，四个长为 10, 宽为 1 的矩形纸带垂直相交平放在桌子上，则桌子被盖上的面积是(   ).

   (A) 36 (B) 40 (C) 44 (D) 96 (E) 100

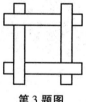

第 3 题图

4. 直线 $\dfrac{x}{3}+\dfrac{y}{2}=1$ 的斜率是( ).

   (A) $-\dfrac{3}{2}$ (B) $-\dfrac{2}{3}$ (C) $\dfrac{1}{3}$

   (D) $\dfrac{2}{3}$ (E) $\dfrac{3}{2}$

5. 若 b 和 c 是常数,且 $(x+2)(x+b)=x^2+cx+6$,则 c 等于( ).

   (A) -5 (B) -3 (C) -1
   (D) 3 (E) 5

6. 若一个图形是等角的平行四边形,则它一定是( ).

   (A)矩形   (B)正多边形   (C)菱形
   (D)正方形   (E)梯形

7. 通过一个信息通道输送 60 个信息,每个信息包含 512 个片断,如果信息通道每秒能输送 120 个片断,那么所需时间大约是( ).

   (A) 0.04 s   (B) 0.4 s   (C) 4 s
   (D) 4 min   (E) 4 h

8. 如果 $\dfrac{b}{a}=2,\dfrac{c}{b}=3$,那么 $\dfrac{a+b}{b+c}$ 等于( ).

   (A) $\dfrac{1}{3}$ (B) $\dfrac{3}{8}$ (C) $\dfrac{3}{5}$

   (D) $\dfrac{2}{3}$ (E) $\dfrac{3}{4}$

9. 一个 8×10 的桌子如图(a)所示,放在正方形房间的一角,房屋的主人想搬动桌子,如图(b)放置. 设房间的长为 S,那么要使移动能够实现,而且既不倾斜桌子,又不把桌子锯断,则 S 的最小整数值是( ).

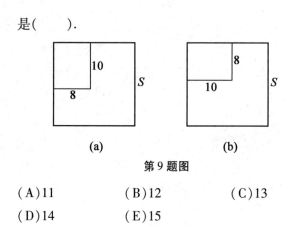

第 9 题图

(A)11　　　　(B)12　　　　(C)13
(D)14　　　　(E)15

10. 在一个实验中,测得某常数 c 为 2.438 65,误差范围为 ±0.003 12. 实验者想公布 c 的值,它的每个数字都是有效数字,也就是说不管 c 多大,宣布的 c 值(n 位数字)与 c 的真实值的前 n 位必须相同,那么这个实验者所能宣布的 c 的最精确值为( ).

(A)2　　　　(B)2.4　　　　(C)2.43
(D)2.44　　　(E)2.439

11. 在如图的每条水平直线上,五个黑点代表所示年代五个城市 A,B,C,D,E 的人口数. 问哪个城市从 1970 年到 1980 年人口增长的百分比最大?( ).

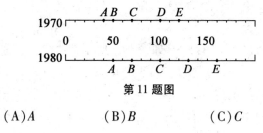

第 11 题图

(A)A　　　　(B)B　　　　(C)C

(D)D (E)E

12. 将从1到9这9个数字分别写在9张纸片上放在帽子里,杰克随机取了一张又放了回去,接着吉尔也随机取了一张,问哪个数字最可能是杰克、吉尔两个人所取数字和的个位数(　　).

(A)0　　　(B)1　　　(C)8

(D)9　　　(E)每个数字可能性一样

13. 如果 $\sin x = 3\cos x$,那么 $\sin x \cos x = ($　　$)$.

(A)$\dfrac{1}{6}$　　(B)$\dfrac{1}{5}$　　(C)$\dfrac{2}{9}$

(D)$\dfrac{1}{4}$　　(E)$\dfrac{3}{10}$

14. 对任意实数 a 和正整数 k,定义

$$\begin{bmatrix}a\\k\end{bmatrix} = \dfrac{a \cdot (a-1) \cdot (a-2) \cdot \cdots \cdot [a-(k-1)]}{k \cdot (k-1) \cdot \cdots \cdot 2 \cdot 1}$$

求 $\begin{bmatrix}-\dfrac{1}{2}\\100\end{bmatrix} \div \begin{bmatrix}\dfrac{1}{2}\\100\end{bmatrix} = ($　　$)$.

(A)-199　　(B)-197　　(C)-1

(D)197　　(E)199

15. 如果 a,b 是整数,且 $x^2 - x - 1$ 是 $ax^3 + bx^2 + 1$ 的一个因式,那么 b 等于(　　).

(A)-2　　(B)-1　　(C)0

(D)1　　(E)2

16. $\triangle ABC$ 和 $\triangle A'B'C'$ 是等边三角形,且对应边互相平行,两者具有共同的中心(如图),BC 与 $B'C'$ 之

间的距离为 △ABC 的高的 $\frac{1}{6}$，则 △A'B'C' 与 △ABC 的面积之比为(　　).

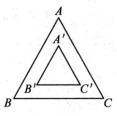

第16题图

(A) $\frac{1}{36}$　　(B) $\frac{1}{6}$　　(C) $\frac{1}{4}$

(D) $\frac{\sqrt{3}}{4}$　　(E) $\frac{9+8\sqrt{3}}{36}$

17. 如果 $|x|+x+y=10, x+|y|-y=12$，那么 $x+y=$(　　).

(A) -2　　(B) 2　　(C) $\frac{18}{5}$

(D) $\frac{22}{3}$　　(E) 22

18. 一次职业保龄球赛的最后阶段，前 5 名选手按以下方法比赛，首先由第 5 名与第 4 名赛，输者得 5 等奖；赢者与第 3 名赛，输者得 4 等奖；赢者与第 2 名赛，输者得 3 等奖；赢者与第 1 名赛，输者得 2 等奖，赢者得 1 等奖，问有多少种不同的得奖顺序(　　).

(A) 10　　(B) 16　　(C) 24

(D) 120　　(E) 不同于以上答案中任一个

19. 化简

$$\frac{bx(a^2x^2+2a^2y^2+b^2y^2)}{bx+ay}+\frac{ay(a^2x^2+2b^2x^2+b^2y^2)}{bx+ay}$$

等于( ).

(A)$a^2x^2+b^2y^2$　　　　(B)$(ax+by)^2$

(C)$(ax+by)(bx+ay)$　(D)$2(a^2x^2+b^2y^2)$

(E)$(bx+ay)^2$

20. 一个边长为2的正方形被分为四部分,如图(a),其中E,F是一组对边BC,AD的中点,$AG\perp BF$,这四个部分能重新组成一个矩形,如图(b),那么, $\dfrac{XY}{YZ}=$( ).

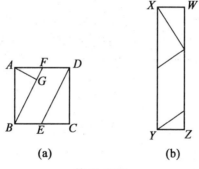

第20题图

(A)4　　(B)$1+2\sqrt{3}$　　(C)$2\sqrt{5}$

(D)$\dfrac{8+4\sqrt{3}}{3}$　　(E)5

21. 如果复数满足$z+|z|=2+8i$,则$|z|^2=$( ).

(A)68　　(B)100　　(C)169

(D)208　　(E)289

22. 存在多少个整数 x，使具有边长为 $10,24,x$ 的三角形的所有角都是锐角？（　　）．
   (A)4   (B)5   (C)6
   (D)7   (E)多于7个

23. 四面体 $ABCD$ 的六条棱分别为 $7,13,18,27,36,41$，如果 AB 长为 41，那么 CD 的长为（　　）．
   (A)7   (B)13   (C)18
   (D)27   (E)36

24. 等腰梯形外切于一个圆，较长的底为 16，一个底角为 $\arcsin 0.8$，则梯形的面积为（　　）．
   (A)72   (B)75   (C)80
   (D)90   (E)不唯一确定

25. X,Y,Z 为两两不相交的人群集合，每个集合的人均年龄如下表，则集合 $X\cup Y\cup Z$ 的平均年龄为（　　）．

集合	X	Y	Z	$X\cup Y$	$X\cup Z$	$Y\cup Z$
人均年龄	37	23	41	29	39.5	33

   (A)33   (B)33.5   (C)33.66
   (D)33.833   (E)34

26. 设 p,q 满足 $\log_9 p=\log_{12}q=\log_{16}(p+q)$，则 $\dfrac{q}{p}$ 等于（　　）．
   (A)$\dfrac{4}{3}$ (B)$\dfrac{1}{2}(1+\sqrt{3})$ (C)$\dfrac{8}{5}$
   (D)$\dfrac{1}{2}(1+\sqrt{5})$ (E)$\dfrac{16}{9}$

27. 如图，$AB\perp BC,BC\perp CD,BC$ 与以 AD 为直径的圆 O 相

切,在下列哪种情况下 ABCD 的面积是整数( ).

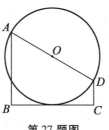

第27题图

(A) $AB=3, CD=1$ (B) $AB=5, CD=2$
(C) $AB=7, CD=3$ (D) $AB=9, CD=4$
(E) $AB=11, CD=5$

28. 掷一枚"不均匀"的钱币,正面朝上的概率为 P. 设 w 为在5次互相独立的投掷中正面朝上正好是3次的概率,如果 $w=\dfrac{144}{625}$,那么( ).

(A) P 一定是 $\dfrac{2}{5}$ (B) P 一定是 $\dfrac{3}{5}$

(C) P 一定比 $\dfrac{3}{5}$ 大   (D) P 不唯一确定

(E) 没有 P 值使 $w=\dfrac{144}{625}$

29. 测出三个朋友的体重为 y,身高为 x,得到点 $(x_1, y_1), (x_2, y_2), (x_3, y_3)$. 如果 $x_1 < x_2 < x_3$ 且 $x_3 - x_2 = x_2 - x_1$,那么下列哪个数是与上述三点"最贴近"的直线的斜率?("最贴近"是指从上述三点到这条直线的距离的平方和小于它们到其他任何直线距离的平方和)( ).

(A) $\dfrac{y_3 - y_1}{x_3 - x_1}$ (B) $\dfrac{(y_2 - y_1) - (y_3 - y_2)}{x_3 - x_1}$

(C) $\dfrac{2y_3 - y_1 - y_2}{2x_3 - x_1 - x_2}$ (D) $\dfrac{y_2 - y_1}{x_2 - x_1} + \dfrac{y_3 - y_2}{x_3 - x_2}$

(E) 不是以上任一个

30. 令 $f(x) = 4x - x^2$. 给定 x_0, 考察由 $x_n = f(x_{n-1})$ 对所有 $n \geq 1$ 定义的数列, 有多少个实数 x_0, 使得数列 $x_0, x_1, x_2, \cdots$ 只取有限多个不同的值( ).

(A) 0   (B) 1 或 2   (C) 3, 4, 5 或 6

(D) 比 6 大但有限多   (E) 无限多

(试题背景详见附录)

2　第二部分　答案

1. D 2. D 3. A 4. B 5. E 6. A 7. D 8. B 9. C
10. D 11. C 12. A 13. E 14. A 15. A 16. C
17. C 18. B 19. B 20. E 21. E 22. A 23. B
24. C 25. E 26. D 27. D 28. D 29. A 30. E

1989年试题

1 第一部分 试题

1. $(-1)^{52}+1^{25}$ 的值为( ).
   (A) -7 (B) -2 (C) 0
   (D) 1   (E) 57

2. $\sqrt{\dfrac{1}{9}+\dfrac{1}{16}}$ 的值为( ).
   (A) $\dfrac{1}{5}$ (B) $\dfrac{1}{4}$ (C) $\dfrac{2}{7}$
   (D) $\dfrac{5}{12}$ (E) $\dfrac{7}{12}$

3. 一个正方形被两条平行于一组对边的直线分为三部分. 如果三个矩形的周长都是24, 那么原正方形的面积是( ).
   (A) 24 (B) 36 (C) 64 (D) 81 (E) 96

第3题图

4. 如图,ABCD 为等腰梯形,AD = BC = 5,AB = 4,DC = 10,点 C 在 DF 上,B 是 Rt△DEF 斜边的中点,则 CF 等于( ).

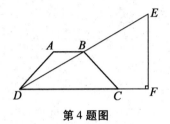

第 4 题图

(A)3.25   (B)3.5   (C)3.75
(D)4.0   (E)4.25

5. 用等长的牙签摆成如图所示的矩形图,如果矩形图的长是 20 个牙签的长,宽是 10 个牙签的长,那么所用牙签的个数是( ).

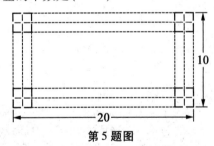

第 5 题图

(A)30   (B)200   (C)410
(D)420   (E)430

6. 如果 $a,b > 0$,直线 $ax + by = 6$ 与坐标轴在第一象限内所围成的三角形面积为 6,那么 ab 等于( ).

(A)3   (B)6   (C)12
(D)108   (E)432

7. 在 △ABC 中，∠BAC = 100°，∠ABC = 50°，∠C = 30°，AH 是高，BM 是中线，则 ∠MHC 等于(　　).

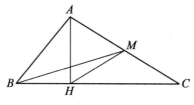

第 7 题图

(A) 15°　　　(B) 22.5°　　　(C) 30°
(D) 40°　　　(E) 45°

8. 在 1 和 100 之间有多少个整数 n 能够使 $x^2 + x - n$ 分解为两个整系数的一次因式的乘积(　　).

(A) 0　　　(B) 1　　　(C) 2
(D) 9　　　(E) 10

9. Zeta 先生与 Zeta 夫人想给小 Zeta 起名，如果要求小 Zeta 的教名、中间名和姓的第一个字母按字母表顺序排列，且字母不能重复，那么可能的情况有(　　).

(A) 276　　　(B) 300　　　(C) 552
(D) 600　　　(E) 15 600

10. 循环数列 $\{u_n\}$，$u_1 = a$（a 为任意正数），$u_{n+1} = -\dfrac{1}{u_n + 1}$，$n = 1, 2, 3, \cdots$，下列数值中能使 $u_n = a$ 的 n 值是(　　).

(A) 14　　　(B) 15　　　(C) 16
(D) 17　　　(E) 18

11. 已知 a, b, c, d 是整数，且 $a < 2b, b < 3c, c < 4d$. 如果 $d < 100$，那么 a 的最大值是(　　).

(A)2 367 (B)2 375 (C)2 391
(D)2 399 (E)2 400

12. 在一条东西走向的公路上,所有的汽车都以 60 km/h 的速度匀速行驶,一个驾车向东行驶的司机在 5 min 内遇到 20 辆向西行驶的汽车,假定向西行驶的汽车的间隔是相等的,那么在 100 km 长的公路上,向西行驶的汽车的数目最接近(   ).
(A)100 (B)120 (C)200
(D)240 (E)400

13. 如图所示,有两条宽为 1 的带子,彼此交角为 α,则阴影部分的面积为(   ).

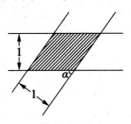

第 13 题图

(A)$\sin \alpha$ (B)$\dfrac{1}{\sin \alpha}$ (C)$\dfrac{1}{1-\cos \alpha}$
(D)$\dfrac{1}{\sin^2 \alpha}$ (E)$\dfrac{1}{(1-\cos \alpha)^2}$

14. $\cot 10° + \tan 5°$ 的值为(   ).
(A)$\csc 5°$ (B)$\csc 10°$ (C)$\sec 5°$
(D)$\sec 10°$ (E)$\sin 15°$

15. 在 $\triangle ABC$ 中,$AB=5$,$BC=7$,$AC=9$,D 为 AC 上一点,且 $BD=5$,则 $AD:DC$ 为(   ).

第3章 1989年试题

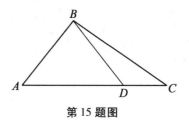

第15题图

(A) 4∶3　　(B) 7∶5　　(C) 11∶6

(D) 13∶5　(E) 19∶8

16. 整点是指在平面上坐标均为整数的点,以(3,17), (48,281)为端点的线段上的整点的个数为(含端点)(　　).

(A) 2　　　(B) 4　　　(C) 6

(D) 16　　(E) 46

17. 一个等边三角形的周长比一个正方形的周长大1 989 cm,三角形的边长比正方形的边长大 d cm,且正方形的周长大于0 cm,那么 d 不能取的正整数的个数为(　　).

(A) 0　　　(B) 9　　　(C) 221

(D) 663　　(E) 无穷多个

18. 有实数 x 的集合,其中 x 是使 $x+\sqrt{x^2+1}-\dfrac{1}{x+\sqrt{x^2+1}}$ 的值为有理数的实数,那么这样的全体 x 组成的集合是(　　).

(A) 整数集　　(B) 有理数集　　(C) 实数集

(D) 使 $\sqrt{x^2+1}$ 为有理数的集合

(E) 使 $x+\sqrt{x^2+1}$ 为有理数的集合

19. 一个圆的内接三角形的三个顶点把圆周分为长是 3,4,5 的三段圆弧,则这个三角形的面积为( ).

(A)6 (B)$\dfrac{18}{\pi^2}$ (C)$\dfrac{9}{\pi^2}(\sqrt{3}-1)$

(D)$\dfrac{9}{\pi^2}(\sqrt{3}+1)$ (E)$\dfrac{9}{\pi^2}(\sqrt{3}+3)$

20. 在 100 与 200 之间随机选取一个实数 x,如果 $[\sqrt{x}]=12$,那么 $[\sqrt{100x}]=120$ 的概率为( ).

(A)$\dfrac{2}{25}$ (B)$\dfrac{241}{2\,500}$ (C)$\dfrac{1}{10}$

(D)$\dfrac{96}{625}$ (E)1

21. 如图,一正方形的旗子上有一等宽的红十字(十字形关于对角形对称),正中央是蓝色的小正方形,其余地方为白色.如果整个十字形(包括红、蓝)占旗面积的 36%,那么蓝色正方形面积占旗面积的百分数为( ).

第21题图

(A)0.5% (B)1% (C)2%
(D)3% (E)6%

22. 一个小孩有96块不同的积木,每块积木的质地是塑料的或是木头的,型号有大、中、小三种,颜色染为蓝、绿、红、黄四种之一,形状为圆形、六边形、正方形、三角形之一.那么这套积木中与"塑料的、中号的、红色的、圆形"积木有两处不同的积木块数为( ).

(A)29　　(B)39　　(C)48
(D)56　　(E)62

23. 如图,一个粒子在第一象限运动,在第 1 min 内它从原点运动到(1,0),之后它接着按图所示在与 x 轴,y 轴平行的方向上来回运动,且每分钟移动 1 个单位长度.那么,在 1 989 min 后这个粒子所处的位置为( ).

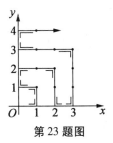

第23题图

(A)(35,44)　　(B)(36,45)　　(C)(37,45)
(D)(44,35)　　(E)(45,36)

24. 五个人围坐在一圆桌旁,若至少坐在一位女性旁的人数 $f \geq 0$,至少坐在一位男性旁的人数 $m \geq 0$,则所有可能的有序数组 (f,m) 的个数是( ).

(A)7　　(B)8　　(C)9
(D)10　　(E)11

25. 在一次越野比赛中,双方各有 5 名队员.若队员在比赛中获第 n 名就为本队得到 n 分,得分少的队获胜. 如果队员之间无任何关系,那么可能获胜的分数的个数是( ).

(A)10　　(B)13　　(C)27
(D)120　　(E)126

26. 联结正方体相邻面的中心,得到一个正八面体. 那么,这个正八面体与正方体的体积比是( ).

(A)$\dfrac{\sqrt{3}}{12}$　　(B)$\dfrac{\sqrt{6}}{16}$　　(C)$\dfrac{1}{6}$

(D)$\dfrac{\sqrt{2}}{8}$　　(E)$\dfrac{1}{4}$

27. n 是一个正整数,关于 x,y,z 的方程 $2x+2y+z=n$ 有 28 组正整数解,那么 n 是( ).

(A)14 或 15　　(B)15 或 16　　(C)16 或 17
(D)17 或 18　　(E)18 或 19

28. 对 $x \in [0, 2\pi]$,且满足方程 $\tan^2 x - 9\tan x + 1 = 0$ 的所有根的和为( ).

(A)$\dfrac{\pi}{2}$　　(B)π　　(C)$\dfrac{3\pi}{2}$

(D)3π　　(E)4π

29. 记 $\binom{n}{j} = \dfrac{n!}{j!(n-j)!}$,则 $\sum\limits_{k=0}^{49}(-1)^k \binom{99}{2k}$ 的值是( ).

(A)-2^{50}　　(B)-2^{49}　　(C)0
(D)2^{49}　　(E)2^{50}

30. 有 7 个男孩(B)和 13 个女孩(G)站成一排,设 S 为男女孩彼此相邻的位置数,例如,排列 GBBGGGBG-BGGGBGBGGBGG 的 $S=12$,那么 S 的平均值最接

近(这20人所有位置都考虑到)( ).
(A)9　　　　(B)10　　　　(C)11
(D)12　　　　(E)13

2　第二部分　答案

1．C　2．D　3．D　4．D　5．E　6．A　7．C　8．D　9．B
10．C　11．A　12．C　13．B　14．B　15．E　16．B
17．D　18．B　19．E　20．B　21．C　22．A　23．D
24．B　25．B　26．C　27．D　28．D　29．B　30．A

1990 年试题

1 第一部分 试题

第4章

1. 如果 $\dfrac{\frac{x}{4}}{2} = \dfrac{4}{\frac{x}{2}}$,那么 x 的值为( ).

   (A) $\pm\dfrac{1}{2}$　　(B) ± 1　　(C) ± 2

   (D) ± 4　　(E) ± 8

2. $\left(\dfrac{1}{4}\right)^{-\frac{1}{4}}$ 的值为( ).

   (A) -16　　(B) $-\sqrt{2}$　　(C) $-\dfrac{1}{16}$

   (D) $\dfrac{1}{256}$　　(E) $\sqrt{2}$

3. 梯形的四个内角依次成等差数列,如果最小角是 $75°$,那么最大角是( ).
   (A) $95°$　　(B) $100°$　　(C) $105°$
   (D) $110°$　　(E) $115°$

4. 如图所示,平行四边形 ABCD 中,∠ABC = $120°$,AB = 16,BC = 10. 延长 CD 至点 E,使得 DE = 4,如果 BE 交 AD 于点 F,那么 FD 等于( ).

第4章 1990年试题

(A) 1   (B) 2   (C) 3
(D) 4   (E) 5

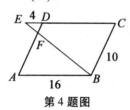

第4题图

5. 下列哪个数最大(   ).

   (A) $\sqrt{\sqrt[3]{5\times 6}}$ (B) $\sqrt{6\sqrt[3]{5}}$ (C) $\sqrt{5\sqrt[3]{6}}$

   (D) $\sqrt[3]{5\sqrt{6}}$ (E) $\sqrt[3]{6\sqrt{5}}$

6. 点 A 和点 B 的距离是 5 个单位长,在给定的一个通过 A,B 两点的平面上,则满足距离 A 点 2 个单位长,距离 B 点 3 个单位长的直线有(   ).

   (A) 0 条   (B) 1 条   (C) 2 条
   (D) 3 条   (E) 多于 3 条

7. 一个边长为整数,周长为 8 的三角形的面积是(   ).

   (A) $2\sqrt{2}$ (B) $\dfrac{16}{9}\sqrt{3}$ (C) $2\sqrt{3}$

   (D) 4   (E) $4\sqrt{2}$

8. 方程 $|x-2|+|x-3|=1$ 的实数解的个数为(   ).

   (A) 0   (B) 1   (C) 2
   (D) 3   (E) 多于 3

9. 如果立方体的每一条棱涂成红色,或者黑色,每个面至少有一条棱涂成黑色,那么黑色棱的条数最少

29

为( ).

(A)2　　　　(B)3　　　　(C)4

(D)5　　　　(E)6

10. 一个 $11\times11\times11$ 的立方体是由 11^3 个单位立方体贴合而成的,则从一点看上去最多能看见的单位方体的个数为( ).

(A)328 个　　(B)329 个　　(C)330 个

(D)331 个　　(E)332 个

11. 在小于 50 的正整数中,含有奇数个正整数因子的个数是( ).

(A)3　　　　(B)5　　　　(C)7

(D)9　　　　(E)11

12. f 定义为 $f(x)=ax^2-\sqrt{2}$,a 为一个正数,如果 $f(f(\sqrt{2}))=-\sqrt{2}$,那么 a 等于( ).

(A)$\dfrac{2-\sqrt{2}}{2}$　　(B)$\dfrac{1}{2}$　　(C)$2-\sqrt{2}$

(D)$\dfrac{\sqrt{2}}{2}$　　(E)$\dfrac{2+\sqrt{2}}{2}$

13. 如果计算机执行以下程序,那么由语句(5)得出的数值为( ).

(1)初始值 $x=3,S=0$;(2)$x=x+2$;(3)$S=S+x$;

(4)如果 $S\geqslant 10\,000$,则进行(5),否则从(2)继续进行;(5)打印 x;(6)stop.

(A)19　　　　(B)21　　　　(C)23

(D)199　　　(E)201

14. 如图,锐角等腰 $\triangle ABC$ 内接于圆,过 B,C 作该圆的

切线交于点 D,如果 $\angle ABC = \angle ACB = 2\angle D$,$x$ 是 $\angle A$ 的弧度数,则 x 的值为( ).

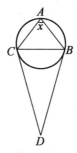

第14题图

(A) $\dfrac{3}{7}\pi$ (B) $\dfrac{4}{9}\pi$ (C) $\dfrac{5}{11}\pi$

(D) $\dfrac{6}{13}\pi$ (E) $\dfrac{7}{15}\pi$

15. 四个数中,每三个数相加得到的和分别为 180,197,208,222,那么这四个数中最大的数是( ).

 (A) 77   (B) 83   (C) 89

 (D) 95   (E) 不确定

16. 在一次华盛顿的聚会上,每个男人都与除自己配偶外的所有人握手,但妇女之间彼此不握手,如果 13 对夫妇参加聚会,那么这 26 个人之间共握手的次数是( ).

 (A) 78   (B) 185   (C) 234

 (D) 312   (E) 325

17. 在 100,101,…,999 这些数中,各位数字按严格递增或严格递减顺序排列的数的个数是( ).

(A)120 (B)168 (C)204
(D)216 (E)240

18. 首先从$\{1,2,3,\cdots,99,100\}$中任意选取a,然后从同一集合中任意选取b,则3^a+7^b的末位数字是8的可能性为( ).

(A)$\dfrac{1}{16}$ (B)$\dfrac{1}{8}$ (C)$\dfrac{3}{16}$

(D)$\dfrac{1}{5}$ (E)$\dfrac{1}{4}$

19. 问1至1 990中有多少个数使得$\dfrac{N^2+7}{N+4}$不是既约分数( ).

(A)0 (B)86 (C)90
(D)104 (E)105

20. 如图,四边形$ABCD$中,$\angle BAD$,$\angle BCD$为直角,点E,F在AC上,DE,BF垂直于AC,如果$AE=3$,$DE=5$,$CE=7$,那么BF等于( ).

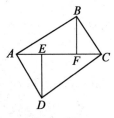

第20题图

(A)3.6 (B)4 (C)4.2
(D)4.5 (E)5

21. 锥体$P-ABCD$的底$ABCD$是正方形,顶点P与A,

B, C, D 等距,如果 $AB=1$,$\angle APB=2\theta$,那么锥体的体积为( ).

(A) $\dfrac{\sin\theta}{6}$ (B) $\dfrac{\cot\theta}{6}$ (C) $\dfrac{1}{6\sin\theta}$

(D) $\dfrac{1-\sin 2\theta}{6}$ (E) $\dfrac{\sqrt{\cos 2\theta}}{6\sin\theta}$

22. 如果方程 $x^{-6}=-64$ 的 6 个根都写成 $a+bi$ 的形式,a,b 都是实数,那么实部 $a>0$ 的那些根的乘积是( ).

(A) -2 (B) 0 (C) $2i$

(D) 4 (E) 16

23. 如果 $x,y>0$,$\log_y x+\log_x y=\dfrac{10}{3}$,并且 $xy=144$,那么 $\dfrac{x+y}{2}=($ $)$.

(A) $12\sqrt{2}$ (B) $13\sqrt{3}$ (C) 24

(D) 30 (E) 36

24. 亚当中学和贝克中学的学生都参加了一次考试,这两个学校男、女生的平均分统计如下,那么两校女生的平均分是( ).

	亚当平均分	贝克平均分	两校合起来平均分
男生	71	81	79
女生	76	90	?
男、女生	74	84	

(A) 81 (B) 82 (C) 83

(D) 84 (E) 85

25. 9 个全等的球放置在一个单位立方体内,已知其中一个球的球心位于立方体的中心,其余 8 个球分别与此球相切且与立方体的三个平面相切,则每个球的半径是( ).

(A) $1 - \dfrac{\sqrt{3}}{2}$ (B) $\dfrac{2\sqrt{3}-3}{2}$ (C) $\dfrac{\sqrt{2}}{6}$

(D) $\dfrac{1}{4}$ (E) $\dfrac{\sqrt{3}(2-\sqrt{2})}{4}$

26. 10 个人围成一个圆圈,每人选择一个整数并告诉他的两个邻座的人,然后每个人算出并宣布他两个邻座所选数的平均数,宣布的结果如图所示,则宣布 6 的那个人选择的数是( ).

```
        1
   10       2
  9          3
  8          4
   7        5
        6
```

第 26 题图

(A) 1   (B) 5   (C) 6

(D) 10   (E) 不唯一确定

27. 下列各组数中,不能为一个三角形的三条高的长为( ).

(A) $1, \sqrt{3}, 2$ (B) 3, 4, 5   (C) 5, 12, 13

(D) $7, 8, \sqrt{113}$ (E) 8, 15, 17

28. 四边形的四条边长依次为 70, 90, 130, 110. 它内接于一个圆并有一个内切圆,内切圆的切点分长为 130 的边长为 x 和 y 两部分,则 $|x-y|$ 的值为( ).

(A)12　　　(B)13　　　(C)14
(D)15　　　(E)16

29. 集合$\{1,2,\cdots,1\,000\}$的子集,满足没有一个数是另一个数的3倍,这样的子集中所含元素的个数最多有( ).
(A)50　　　(B)66　　　(C)67
(D)76　　　(E)78

30. 令$R_n=\frac{1}{2}(a^n+b^n)$, $a=3+2\sqrt{2}$, $b=3-2\sqrt{2}$, $n=0,1,2,\cdots$,则$R_{12\,345}$是一个整数,它的个位数字是( ).
(A)1　　　(B)3　　　(C)5
(D)7　　　(E)9

2　第二部分　答案

1.E　2.E　3.C　4.B　5.B　6.D　7.A　8.E　9.B
10.D　11.C　12.D　13.E　14.A　15.C　16.C
17.C　18.C　19.B　20.C　21.E　22.D　23.D
24.D　25.B　26.A　27.C　28.B　29.D　30.E

李天岩—约克定理

附录

1 从方程 $x = f^n(x)$ 的实根到自映射 f 的不动点与周期点[①]

设 $f(x)$ 是实变数 x 的一个实值的单值连续函数，n 是一个正整数，并且用 $f^n(x)$ 表示 f 的 n 次复合函数 $f(\cdots(f(f(x))))$。

为了简便，用 $\mathrm{Fix}(f^n)$ 来表示函数 $f^n(x)$ 的不动点的集合 $\{x \mid x = f^n(x)\}$，也即方程 $x = f^n(x)$ 的实根的集合。读者不难证明下述定理。

定理 1 若 $a \in \mathrm{Fix}(f)$，则 $a \in \mathrm{Fix}(f^n)$，$n > 1$。更一般地，若 $a \in \mathrm{Fix}(f^k)$，并且正整数 k 能整除 n（从而 $0 < k < n$），则 $a \in \mathrm{Fix}(f^n)$。

[①] 引自《数学通报》江泽涵的文章.

引理 设 $a_{n,1} \in \text{Fix}(f^n)$, $n > 1$, 命 $a_{n,k+1} = f^k(a_{n,1})$, $k = 1, 2, \cdots, n-1$, 则 (1) $a_{n,k+1} \in \text{Fix}(f^n)$; (2) $f(a_{n,k}) = a_{n,k+1}$, $f(a_{n,n}) = a_{n,1}$. (我们把(2)中的这 n 个式子说成是在 f 的作用下, $a_{n,1}$ 与 $a_{n,k+1}$ 这 n 个数 (不必不同) 顺序的轮换.)

证明 明显地, 等式
$$f^n(a_{n,k+1}) = f^n(f^k(a_{n,1})) = f^k(f^n(a_{n,1})) = f^k(a_{n,1}) = a_{n,k+1}$$
给出 (1). $a_{n,k+1}$ 的定义与关于 $a_{n,1}$ 的假设给出 (2).

定理 2 设 $a_{n,1} \in \text{Fix}(f^n)$, $n > 1$, 并设 $a_{n,1} \notin \text{Fix}(f^k)$, $k = 1, 2, \cdots, n-1$, 则 (1) $a_{n,1}$ 与 $a_{n,k+1}$ ($a_{n,k+1} = f^k(a_{n,1}) \in \text{Fix}(f^n)$, 见引理) 是 f^n 的 n 个不同的不动点, 即方程 $x = f^n(x)$ 的 n 个不同的根; (2) $a_{n,h+1} \notin \text{Fix}(f^k)$, $h = 1, 2, \cdots, n-1$.

证明 (1) 假设的第二项就是说: 特别地, $a_{n,1} \neq f^k(a_{n,1}) = a_{n,k+1}$, $k = 1, 2, \cdots, n-1$. 还需证明: 一般地, $a_{n,k+1} \neq a_{n,h+1}$, $h = 1, 2, \cdots, n-1$, 而 $k \neq h$. 这时, 不妨设 $k > h$, 因而有 $0 < k - h < n - 1$, $n - (k-h) > 1$. 用反证法, 设 $a_{n,k+1} = a_{n,h+1}$. 从下列明显的式子
$$a_{n,1} = f^n(a_{n,1}) = f^{n-k}(f^k(a_{n,1})) = f^{n-k}(a_{n,k+1})$$
$$f^{n-k}(a_{n,h+1}) = f^{n-k}(f^h(a_{n,1})) = f^{n-(k-h)}(a_{n,1}) = a_{n,n-(k-h)+1}$$
得出 $a_{n,1} = a_{n,n-(k-h)+1}$. 这与刚才证得的结果矛盾. (1) 证毕.

(2) 用反证法. 设 $a_{n,h+1} \in \text{Fix}(f^k)$, 即 $a_{n,h+1} = $

$f^k(a_{n,h+1})$,即 $f^h(a_{n,1}) = f^h(f^k(a_{n,1}))$. 由于 f 是单值函数,能在等式两边作 f^{n-h},得 $a_{n,1} = a_{n,k+1}$ 与(1)矛盾. 本定理证毕.

引理与定理 2 表明:在定理 2 的假设下,若 $\text{Fix}(f^n), n>1$,含有 $a_{n,1}$ 与 $a_{n,k+1}, k=1,2,\cdots,n-1$,这 n 个不同的点中的任一个,则也必含有其他 $n-1$ 个. 这一事实引导我们采用下述定义.

定义 如果点 $a \in \text{Fix}(f^n), n>1$,而不属于 $\text{Fix}(f^k), k=1,2,\cdots,n-1$,则 a 叫作 f 的一个 n 阶周期点. a 与 $f^k(a)$ 这 n 个点(两两不同,根据定理2)的集合叫作 f 的一个 n 阶轨道.

注意,该定义未考虑 $n=1$. 我们约定不把 $\text{Fix}(f)$ 的点,即 f 的不动点,叫作 1 阶周期点,即不用 1 阶周期点这个名称.

采用这个定义后,定理 2 可改述如下:

推论 1 若 f 有一个 $n(>1)$ 阶周期点 a,则 a 的轨道由 n 个两两不同的点组成,而且轨道中其他 $n-1$ 个点都是 n 阶周期点. 从而 f 的 n 阶周期点的个数是 f 的 n 阶轨道的个数的 n 倍.

定理 3 设 $1 < k < n$,并且 k 不能整除 n,如果 f 有一个 k 阶周期点 b_k,则 $b_k \notin \text{Fix}(f^n)$.

证明 由假设条件,存在 $q \geq 1$ 与 $r=1$ 或 $2,\cdots,k-1$,使得 $n=qk+r$. 若 $b_k \in \text{Fix}(f^n)$,那么
$$b_k = f^n(b_k) = f^{qk+r}(b_k) = f^r(b_k)$$
但这与 b_k 是 f 的 k 阶周期点相矛盾.

从前面的三个定理,我们立即有下面的推论.

推论 2 $\text{Fix}(f^n), n>1$,是 f 的下列三种点集的并集:(1)f 的不动点集合;(2)f 的诸 k 阶周期点集,这里的 k 满足 $1<k<n$,并且整除 n;(3)f 的 n 阶周期点集.

从上述的结果,我们能得到一个有趣的推论.

推论 3 设 f 是一个周期为 n 的周期函数,即 n 是最小的自然数使 $f^n = $ 恒同自映射 id. 如果 $1<k<n$,并且 k 不能整除 n,则 f 没有 k 阶周期点.

证明 用反证法.设 f 有一个 k 阶周期点 b_k,从定理 2 有
$$b_k \in \text{Fix}(f^{kn}) = \text{Fix}(\text{id})$$
或从 k 阶周期点的定义与定理 1 也有
$$b_k \in \text{Fix}(f^k) \subset \text{Fix}(f^{kn}) = \text{Fix}(\text{id})$$
但另一方面,从定理 3 有
$$b_k \notin \text{Fix}(f^n) = \text{Fix}(\text{id})$$
这一矛盾结果证明了 b_k 不存在.

2　几个与之相关的竞赛题

试题 A 设 $I=(0,1)$,对给定的 $a \in (0,1)$,定义函数 $f: I \to I$ 如下
$$f(x) = \begin{cases} x+(1-a), & \text{当 } 0<x \leq a \text{ 时} \\ x-a, & \text{当 } a<x \leq 1 \text{ 时} \end{cases}$$
证明:对任意区间 $J \subset I$,存在 $n \in \mathbf{N}$,使得交集 $f^{[n]}(J) \cap J$ 非空.

（1977 年波兰提供给 IMO 的预选题）

证明 用反证法. 设存在长为 d 的区间 $J \subset I$, 使得对任意 $n \in \mathbf{N}$, 都有 $f^{[n]}(J) \cap J = \varnothing$, 则 $\forall m, n \in \mathbf{N}$, 有
$$f^{[m+n]}(J) \cap f^{[m]}(J) = f^{[m]}(f^{[n]}(J) \cap J) = f^{[m]}(\varnothing) = \varnothing$$

因此, 集合 $f(J), f^{[2]}(J), \cdots, f^{[n]}(J), \cdots$ 两两不相交.

另一方面, $\forall n \in \mathbf{N}$, 每个集合 $f^{[n]}(J)$ 是 I 中若干个长度之和为 d 的区间之并, 因此, 它们不可能都是两两不相交的, 矛盾, 故结论正确.

试题 B 已知函数 $\varphi: \mathbf{N} \to \mathbf{N}$. 是否有 $\mathbf{N}$ 上的函数 f, 对所有 $x \in \mathbf{N}, f(x) > f(\varphi(x))$, 并且:

(1) f 的值域是 $\mathbf{N}$ 的子集?

(2) f 的值域是 $\mathbf{Z}$ 的子集?

解 (1) 不存在, 如果 f 满足所说条件, 那么
$$f(1) > f(\varphi(1)) > f(\varphi(\varphi(1))) > \cdots > f(\varphi^{(k)}(1)) > \cdots$$

而一个严格递减的自然数的数列只能有有限多项.

(2) 如果 $\varphi^{(k)}$ 有不动点, 即有 x_0 使
$$\varphi^{(k)}(x_0) = x_0$$

那么 $f(\varphi^{(k)}(x_0)) = f(x_0)$ 对任一函数 f 成立. 所以 $\varphi^{(k)}$ ($k = 1, 2, \cdots$) 无不动点是所述函数 f 存在的必要条件.

这一条件也是充分的. 事实上, 自然数集 $\mathbf{N}$ 可以分拆成若干条 φ 的"轨道".

当且仅当 $m = \varphi^{(k)}(n)$ 或 $n = \varphi^{(k)}(m)$ 时, m, n 属于同一轨道, 这里 k 为任一自然数.

对每一条轨道, 任取一个数 n_0, 定义
$$f(n_0) = 0$$

$$f(\varphi^{(k)}(n_0)) = -k \quad (k \in \mathbf{Z})$$

这里 $\varphi^{(-1)}(n_0)$ 即满足 $\varphi(m)=n_0$ 的任一个 m.

这样定义的 f 显然满足条件:对所有 x

$$f(x) > f(\varphi(x)) \quad (=f(x)-1)$$

注 前面的链是最简单的轨道,在本题中,φ 的每一条轨道是一个树(无圈的连通图).

试题 C 求证:存在 $f:\mathbf{N}\to\mathbf{N}$,满足

$$f^{(k)}(n) = n + a \quad (n \in \mathbf{N})$$

的充分必要条件是 a 为自然数或零,并且 $k\mid a$.

证明 条件是充分的,令

$$f(n) = n + \frac{a}{k}$$

(这一次,线性函数符合要求,我们应先想到它,但不能仅想到它. 在它不符合要求时,应考虑其他的候选者.)则

$$f^{(k)}(n) = n + \underbrace{\frac{a}{k}+\frac{a}{k}+\cdots+\frac{a}{k}}_{k\uparrow} = n+a$$

条件也是必要的. 由于 $f:\mathbf{N}\to\mathbf{N}$,所以 a 为整数. 由于 $f^{(k)}(1)=1+a\in\mathbf{N}$,所以 a 为自然数或零. 首先注意 f 是单射,即对于不同的(自然数)n,函数值 $f(n)$ 也互不相同. 事实上,若

$$f(n_1) = f(n_2)$$

则

$$n_1 + a = f^{(k)}(n_1) + f^{(k)}(n_2) = n_2 + a$$

导出 $n_1 = n_2$.

自然数集 $\mathbf{N}$ 可以分为若干条(f 的)轨道,轨道中

每一项 n 的后面是 $f(n)$. 由于 f 是单射,每两条轨道不相交. 每条轨道的前 k 项
$$b, f(b), f^{(2)}(b), \cdots, f^{(k-1)}(b)$$
均不大于 a(否则,在该项前面至少有 k 项,并且这项减去 a 就是它的前面的第 k 项),其余的项均大于 a(等于前 k 项加 a),因此,$1,2,\cdots,a$ 分配在 l 条轨道中,每条含 k 个这样的数,所以
$$kl = a$$
即结论成立.

在罗马尼亚提供给 1989 年第 30 届 IMO 的预选题中有:

试题 D 对 $\varphi: \mathbf{N} \to \mathbf{N}$,记
$$M_\varphi = \{f \mid \mathbf{N} \to \mathbf{Z}, f(x) > f(\varphi(x)), \forall x \in \mathbf{N}\}$$
(1)求证:若 $M_{\varphi_1} = M_{\varphi_2} \neq 0$,则 $\varphi_1 = \varphi_2$;

(2)若 $M_\varphi = \{f \mid \mathbf{N} \to \mathbf{N}, f(x) > f(\varphi(x)), \forall x \in \mathbf{N}\}$,上述性质是否仍然成立?

证明 用"轨道"的概念可以很方便地解决.

(1)设 $f \in M_{\varphi_1}$,记
$$\varphi_1^{[n]} = \varphi_1(\varphi_1(\cdots \varphi_1(x) \cdots)) \quad (n \text{ 次迭代})$$
易知 $\forall n \in \mathbf{N}, \forall x \in \mathbf{N}$,有
$$f(\varphi_1^{[n]}(x)) < f(x) \quad (n = 0, 1, 2, \cdots)$$
所以 $x = \varphi_1^{[0]}(x), \varphi_1^{[1]}(x), \varphi_1^{[2]}(x), \cdots$ 互不相同.

固定 $x_0 \in M$,令 M 表示 x_0 的一条"轨道". 即
$$M = \{\varphi_1^{[0]}(x_0), \varphi_1^{[1]}(x_0), \cdots, \varphi_1^{[n]}(x_0), \cdots\}$$
定义

$$f_n(x) = \begin{cases} f(x), x \notin M \\ f(x) - n, x \in M \end{cases} \quad (n \in \mathbf{N})$$

我们证明 $f_n(x) \in M_{\varphi_1}$, 事实上, 若 $x \notin M$, 则

$$f_n(x) = f(x) > f(\varphi_1(x)) \geqslant f_n(\varphi_1(x))$$

若 $x \in M$, 则

$$f_n(x) = f(x) - n > f(\varphi_1(x)) - n = f_n(\varphi_1(x))$$

由于 $M_{\varphi_1} = M_{\varphi_2}$, 所以 $f_n \in M_{\varphi_2}$, 从而

$$f_n(\varphi_2(x)) < f_n(x)$$

若 $\varphi_2(x_0) \notin M$, 则

$$f(\varphi_2(x_0)) = f_n(\varphi_2(x_0)) < f_n(x_0) = f(x_0) - n$$

但在 n 足够大时, 上式不可能成立, 所以必有 $\varphi_2(x_0) \in M$. 即存在 k, 使 $\varphi_2(x_0) = \varphi_1^{[k]}(x_0)$, 这里 $k \in \mathbf{N}$ (由上面所说 $\varphi_2(x_0) \neq x_0$).

于是, 对每个 $x \in \mathbf{N}$, 均有 $k \in \mathbf{N}$ (k 依赖于 x), 使

$$\varphi_2(x) = \varphi_1^{[k]}(x)$$

同样, $\forall x \in \mathbf{N}$, 均有 $h \in \mathbf{N}$, 使

$$\varphi_1(x) = \varphi_2^{[h]}(x)$$

于是在 $h > 1$ 时, 便有

$$\varphi_1(x) = \varphi_2^{[k]}(x) = \varphi_2^{[k-1]}(\varphi_1^{[k]}(x)) =$$
$$\varphi_2^{[k-2]}(\varphi_1^{[k+k_1]}(x)) = \cdots =$$
$$\varphi_1^{[k+k_1+\cdots+k_i-1]}(x)$$

其中 $k_i \in \mathbf{N}$, 使

$$\varphi_2(\varphi_1^{[k+k_1+\cdots+k_i-1]}(x)) = \varphi_2^{[k_i]}(\varphi_1^{[k+\cdots+k_i-1]}(x))$$

但 $\varphi_1(x), \varphi_1^{[2]}(x), \varphi_1^{[3]}(x), \cdots$ 互不相同. 所以必有 $h = 1, k = 1$, 即 $\varphi_1 = \varphi_2$.

(2) 这时 M_{φ_1} 一定是空集. 事实上, 若 $f \in M_{\varphi_1}$, 则

f的值集中必有一最小值 $a = f(x_0)$，这与 $f(x_0) > f(\varphi_1(x_0))$矛盾.

由于前提条件 $M_{\varphi_1} = M_{\varphi_2} \neq 0$ 不成立，所以(1)中性质"若 $M_{\varphi_1} = M_{\varphi_2} \neq 0$，则 $\varphi_1 = \varphi_2$"仍然成立.

试题 E 设 $f:\mathbf{R} \to \mathbf{R}$ 是连续映射. 求证：如果存在 $a \in \mathbf{R}$ 和正数 c，使得对所有正整数 n 满足 $|f^n(a)| \leq c$，则 f 有一不动点 x_0 满足 $f(x_0) = x_0$，这里 f^n 表示 f 的 n 次迭代.

（第3届全国大学生数学夏令营第1试第3题）

证明 我们证明，在数列 $\{f^n(a)\}$ 的各种可能的情形中 f 都有不动点.

情形1 设存在 $n \in \mathbf{N}$，使 $f^n(a) = f^{n-1}(a)$. 令 $x_0 = f^{n-1}(a)$（记 $f^0(a) = a$），则由 f^n 的定义可知 $f(x_0) = x_0$，即 x_0 是 f 的不动点.

情形2 设对任何 $n \in \mathbf{N}$，都有 $f^n(a) \neq f^{n-1}(a)$. 不妨设 $f(a) > a$，则或者 $M = \{n \in \mathbf{N}, f^n(a) < f^{n-1}(a)\} \neq \varnothing$，或者 $M = \varnothing$.

当 $M \neq \varnothing$ 时，令 $k = \min_{n \in M} n$，则 $k > 1$，且 $f^{k-1}(a) > f^{k-2}(a), f^k(a) < f^{k-1}(a)$. 令 $y_1 = f^{k-2}(a), y_2 = f^{k-1}(a)$，则 $y_1 < y_2$，且

$$f(y_1) = f(f^{k-2}(a)) = f^{k-1}(a) > f^{k-2}(a) = y_1$$
$$f(y_2) = f(f^{k-1}(a)) = f^k(a) < f^{k-1}(a) = y_2$$

令 $g(x) = f(x) - x$，则有 $g_0(y_1) > 0, g_0(y_2) < 0$. 故存在 $x_0 \in (y_1, y_2)$ 使 $f(x_0) = x_0$，即 x_0 是 f 的不动点.

当 $M = \varnothing$ 时，对任何 $n \in \mathbf{N}$ 都有 $f^n(a) >$

$f^{n-1}(a)$. 因此,数列 $\{x_n = f^{n-1}(a)\}$ 是单调的. 由于 $\{f^n(a)\}$ 是有界的,$\{x_n\}$ 是有界的,因而 $\lim\limits_{x\to\infty} x_n$ 存在,记作 x_0. 由于 $x_{n+1} = f^n(a) = f(f^{n-1}(a)) = f(x_n)$ 以及 f 的连续性,令 $n\to\infty$,即得 $x_0 = f(x_0)$,即此时 f 也有不动点.

3 李天岩关于 Li-Yorke 混沌的故事的自述[①]

在科学界,关于混沌(Chaos)现象和奇异吸引子(Strange Attractor)的研究领域里,名气最大的奇异吸引子大概就是所谓的 Lorenz 吸引子吧. 在 Lorenz 吸引子成名的过程中,有一个关键性的教授 Allen Feller 的名字却很少有人知道.

我在美国马里兰大学(University of Maryland)做研究生时,我的博士论文的指导教授是 J. A. Yorke 先生,他所属的研究所是"流体动力学与应用数学所"(Institute for Fluid Dynamics and Applied Mathematics)(现在的名称已改成"物理科学与技术研究所"(Institute for Physical Science and Technology)). 那个研究所研究的领域非常之广. 比如说,固态物理、等离子体物理、化学工程、应用数学等. 其中有一个相当奇怪的项目,叫作气象研究,A. Feller 是这个项目的教授.

大约在 1972 年,Feller 教授将 E. N. Lorenz 所写

---

① 摘自《数学译丛》.

历届美国中学生数学试题及解答第 8 卷兼谈 Li – Yorke 定理 1987～1990

的关于气象预测模式的 4 篇文章交给 Yorke 教授. 当时 Feller 教授觉得 Lorenz 的文章过于理论化、数学化，他们不太感兴趣，也许我们搞数学的会比较感兴趣. 那 4 篇文章都是在气象的期刊上发表的. 若不是 Feller 教授，我们不太可能有机会接触到它，那段时间，我们读了那几篇 Lorenz 写的文章，觉得很有意思.

在 1973 年 4 月的一天下午，我到 Yorke 教授的办公室. 当时他对我说："我给你一个好的思想！"（I have a good idea for you！）那时我在做微分方程方面的研究，我以为他所谓的"好思想"是关于微分方程方面的高深思想. 但是我却开玩笑地说："你的那个思想足够《数学月刊》的水平吧！"（Is your idea good enough for Monthly?）《数学月刊》是一个相当普及性的刊物，它就好像日本的《数学セミナー》一样，是一般学生都能看得懂的浅显杂志，并不刊载非常高深的思想（这种学生向老师开玩笑的事，在美国非常普遍，但是在国内好像并不多见）. Yorke 教授听了我的话之后，只是笑了一下. 当时他告诉我的思想就是后来出了名的 Li-Yorke 定理. 对于一个从 $\mathbf{R}^1$ 到 $\mathbf{R}^1$ 上的函数 f，我们用 $f^n(x)$ 来代表 $f \circ f^{n-1}(x)$. 如果对一点 $a \in \mathbf{R}^1$，我们有 $f^k(a) = a$，而且 $f^j(a) \neq a$，此处 $0 \leq j < k$，则我们称 a 是周期 k 的点.

定理 假设 f 是从实数空间 $\mathbf{R}$ 到实数空间 $\mathbf{R}$ 的连续函数，同时假设 f 有一个周期 3 的点. 则：

(1) 对任一个正整数 n，都存在一个周期 n 的点 x_n；

(2)①存在一个不可数的子集合 S,对其中的任何两点 $x,y(x\neq y)$,我们有

$$\liminf_{n\to\infty}|f^n(x)-f^n(y)|=0$$

$$\limsup_{n\to\infty}|f^n(x)-f^n(y)|>0$$

②对任一个周期点 $p\in \mathbf{R}^1$ 以及 S 里的点 x,我们有

$$\limsup_{n\to\infty}|f^n(p)-f^n(x)|\neq 0$$

这个思想的原始出发点在 Lorenz 的那些文章中. 我们得到这个思想之后,马上感慨地说:"这太适合《数学月刊》了!"(It will be a perfect work for Monthly!)的确如此,因为它根本不牵涉高深的语言,一般学生都应看得懂.

大约两星期后,我就完全证明了这个定理. 证明过程中所用到的只是初等微积分里的中值定理,实在不是太高深. 我们将它写好之后,就真的投到《数学月刊》去了. 那时那篇文章引的参考文献只有 Lorenz 的那 4 篇文章.

没想到,没过多久那篇文章就被《数学月刊》退回. 他们说,我们这篇文章过于偏向"研究性",并不适合该期刊的读者,因此,他们建议我们将原稿转寄其他的杂志. 若是我们一定要投《数学月刊》,他们建议我们把它改写到一般学生都能看懂的地步.

文章退回以后,Yorke 教授还是坚持要寄回《数学月刊》. 因为它比较一般化,读者群相当之大(其实,我真恨不得他能同意我转寄别的期刊). 当初我们研究这个问题,以及写这篇文章,只是着迷它本身的趣味,和我博士论文的内容根本无关.因此,我并没有花工夫去改它.事实上,我也不知道该怎么改.于是乎,这篇文章就在我桌上躺了将近一年.

1974 年是马里兰大学数学系的生物数学"特别年".在这一年里,每星期都要请生物数学这个领域里最杰出的学者来校演讲.在 5 月的第一个星期,他们所请的学者是赫赫有名的 Robert May 教授.他是当时普林斯顿大学生物系的教授.R. May 教授在那一星期中,每天都做一次演讲.最后一天演讲的内容是函数 $f_r(x) = rx(1-x), x \in [0,1], 0 < r < 4$ 的迭代.这个函数在生物界的研究领域里是一个非常重要的模型,通常被称为 Logistic Model.

关于这个函数的迭代,现在已是举世皆知.但是 R. May 教授当时只是述说了前面一部分较规则的动态.也就是说,当 r 较小时我们作 $x_{n+1} = rx_n(1-x_n)$.这样的迭代,对于随意取的 $x_0, \{x_n\}$ 这个数列最后都趋近于一个点.但是当 r 慢慢变大而超过 3 时,$\{x_n\}$ 这个数列却趋向一对周期 2 的点.当 r 再变大而超过某一个数值时,$\{x_n\}$ 最后趋近一组周期 4 的点.然后,随 r 的逐渐变大,$\{x_n\}$ 最后会趋近一组周期 2^m 的点.但是当 r 大于某个数值后,却会出现一些奇怪的现象.比方说,对某些 r 来说,$\{x_n\}$ 最后趋近一组周期 5 的点;对某些 r 来说,$\{x_n\}$ 最后趋近一组周期 6 的点;对某些 r 来说,$\{x_n\}$ 在两个区间之间跑来跑去.尤其当 $r = 4$ 时,$\{x_n\}$ 这个数列在整个 $[0,1]$ 区间跑来跑去.当时,R. May 教授无法解释这个现象.想象中也许只是计算

附录 李天岩—约克定理

上的误差所致吧.

在微分方程的理论中,有一个著名的 Poincaré-Bendixson 理论. 它大概的意思是说,在 $\mathbf{R}^2$ 上的微分方程 $\dot{x}=f(x)$,若 f 是很光滑而能保证这个微分方程的解的存在性以及唯一性时,则从任何一点 x_0 出发的解在有限区间里它的轨迹最后都趋近于一个周期解. 这个2维空间的理论虽然在3维以上的空间里无法证明,但是大家多多少少都相信,即使对于3维以上空间里的微分方程,从任何初始值 x_0 出发的解,它的轨迹最后的变化还是相当规则的. 比如说,解的轨迹最后趋向几乎周期(almost-periodic)、拟周期(quasi-periodic)的解等. 若是在计算时,微分方程解的轨道上出现非常不规则而混乱的现象,常常被认为是计算方式上的问题或是计算上的误差所致. 因而时常埋没了一些开创性的工作(这种事,不幸在日本发生,下面会谈到).

现在再回头来看 Logistic Model 的迭代

$$x_{n+1}=rx_n(1-x_n)$$

当 r 比较小时,数列 $\{x_n\}$ 最后趋向一组周期点,这是非常规则的变化. 但是当 r 大于某一个数值时,数列 $\{x_n\}$ 出现非常不规则的变化. 若是用 Li-Yorke 定理来解释,这种不规则的混乱现象并不一定是计算方式的问题,或是计算上的误差所导致的结果. 事实上,这些混乱现象在于函数本身的特性.

Yorke 教授听完 R. May 教授的演讲后,在送 May 上飞机时,把在我桌上躺了将近一年的那篇关于 Li-Yorke 定理的文章给他看. 他看了文章的结果后,大为吃惊. 他认为这个定理很大程度上解释了他的疑问. Yorke 教授从飞机场回来后, 立刻跑来找我说: "我们应该马上改写这篇文章, 登在 1975 年 12 月份的那期上."

R. May 是举世闻名的教授, 那年暑假时, 他被邀请到欧洲各处演讲. Li-Yorke 定理——周期 3 则混沌, 因此大为出名. Lorenz 吸引子也跟着大为出名. 特别值得一提的是 R. May 教授在来马里兰大学之前并不知道所谓的 Lorenz 吸引子.

所谓奇异吸引子, 事实上是指一个动力系统的轨迹最后被一个奇异(造成混乱)的吸引子吸去了. 也就是说, 我们若追踪轨迹的路线, 最后会趋近于一个混乱的状态, 毫无规则可循. 上面提过, 在 2 维空间里的微分方程(一般称微分方程为微分动力系统), Poincaré-Bendixson 理论保证这种奇异的吸引子不会出现. 在 Li-Yorke 定理出现以前, 大家多半相信即使在 3 维以上的空间里, 不受噪声(noise)影响的微分动力系统, 它的解的轨道的长期路径多多少少遵循一些规律. 但是当 Li-Yorke 定理出现以后, 大家不再迷信这个假定. 首先的一个例子, 就是 Lorenz 吸引子(它是 3 维空间里的微分动力系统). 后来大家发现奇异吸引子到处都是, 各个领域都有. 这个混乱的现象, 不是人为计算上的错误或误差所造成的, 而是 "神的旨意".

我来日本以后才知道, 其实在 1960 年初期, 京都大学工学院电机系的教授上田睆亮(Ueda)先生(当时他还是研究生)就已经在研究 Duffing 方程

附录 李天岩—约克定理

$$\ddot{x} + k\dot{x} + x^3 = B\cos t$$

时,发现了这种混乱的现象.这个微分方程在许多数学部门的发展史上都占有相当的地位.数学家对它的研究总有七八十年的历史了.当时,上田睆亮发现,对某些参数 k, B 而言(如 $k = 0.05, B = 7.5$),当 t 很大时,这个微分方程的解的轨迹会乱七八糟地乱走一通,毫无规律可循.这是以前从没有发现的事.因此,那时不管是数学家或是工学院的教授,没有人相信他所得到的结果.大家都认为这只是他自己计算上出了错.他当时连文章该往何处投都不知道,因为没有人会慎重考虑他的结果.但是,自从一般人慢慢都能接受奇异吸引子的概念以后,大家才开始相信上田睆亮教授关于 Duffing 方程的研究结果.1978 年暑假,法国著名教授 D. Ruelle 来日本访问,那时他知道上田先生的结果.Ruelle 后来到世界各地宣扬所谓上田吸引子(Ueda Attractor),日本吸引子(Japanese Attractor)才闻名于世.遗憾的是,头彩已被 E. N. Lorenz 抢去了.

我也是来到日本以后才知道,研究所谓应用数学的专家在日本数学界的社会地位非常之低.这在世界上其他国家里是少有的现象.在世界各地研究混沌现象和奇异吸引子的学者大多数是应用数学界的人士.这个领域现在非常热门,研究的人非常之多.但是在日本,这方面的研究都不是数学界的人士在做.日本数学界的人士很少知道什么是日本吸引子,这在我看来是非常奇怪的事.

我觉得所谓的应用数学,应该是首先设法了解自然界中的一些现象和问题.比如说,想想为什么苹果会从树上掉到牛顿的头上.然后找出这些现象在数学上的正确描述,以及解决这些问题的方法.然后把对这些现象的描述以及解决这些问题的方法理论化,希望同时能解决一些类似的问题.理论化之后,若是遇到这个理论不能解决的问题,则要更进一步设法推广原有的理论.我想这比躲在象牙塔里做些莫名其妙的抽象工作要有意思多了.

4 周期 3 蕴含混沌[①]

这是李天岩和 J. A. Yorke 于 1975 年发表在《美国数学月刊》上的最早的混沌方面的论文.

4.1 引言

常用微分方程或差分方程来描述随时间而改变或演化的过程或现象.当某一现象可以由单个数字描述时,这就是最简单的一种数学表示,例如,在一学年开始时,易受某种疾病感染的儿童数目可以单纯用上一学年感染数的一个函数来做出估计.也就是说,在第 $n+1$ 年(一年为时间周期)年初的感染数 x_{n+1},可以写成

$$x_{n+1} = F(x_n) \qquad (1)$$

这里 F 将一区间 J 映射到自身.用这样一个模型来研

---

① 译自《美国数学月刊》.

究疾病按年变化的过程,自然是过分简单化了,它只包含了非常复杂的现象的一点点影子,这个模型可能对于其他的现象更精确些. 这个方程已经成功地模拟了油田钻探时在旋转钻头上冲击力点的分布,了解这样的分布对于预测钻头不均匀的磨损是有帮助的. 另一个例子是,如果一种昆虫种群有不连续的增长(繁殖),则第 $n+1$ 代的种群规模将是第 n 代的一个函数. 于是一个合理的模型应该是广义的 Logistic 方程

$$x_{n+1} = rx_n\left[1 - \frac{x_n}{k}\right] \quad (2)$$

Utida 讨论了与昆虫种群有关的模型. 另外还可参看 Oster 等人的文章.

  这些模型是非常简单的,但即使看起来这样简单的方程(1)也可能具有使人惊奇的复杂动力学行为,如图1,我们用这样的观点来研究这些方程,即有时可以借助于这种简单模型来理解复杂现象的不规则性和混沌振荡,尽管这样的模型对于提供准确的数值预报是不够准确的. Lorenz 在研究扰动现象的一系列有趣的论文中采用了这一观点,他指出某种复杂的流体流可用一个序列 $x, F(x), F^2(x), \cdots$ 来模型化,这一模型保留了原来的流的某些混沌性质. 如图2,在本文中,我们分析了序列 $\{F^n(x)\}$ 出现非周期的或可以称之为混沌的那些情况. 数目为 x 的种群,经过两代或更多代的增长,在达到不能承受的数量时,种群数目猛然下降,退到水平 x 或 x 以下,在这种情况下,(1)产生混沌状态.

  图1是取 $k=1, r=3.9$ 及 $x=0.5$,对方程(1)作

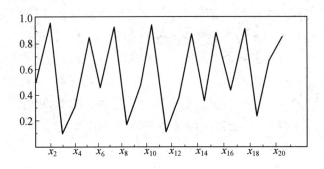

图 1

19 次迭代后得到的. 图中迭代 20 个数值,没有一个数值重复出现两次. $x_2 = 0.975$ 和 $x_{10} = 0.973$ 很接近,但整个曲线并不是以 8 为周期的,因为 $x_{18} = 0.222$.

Lorenz 研究了充满水的容器的旋转方程,这个容器相对于其垂直轴为圆对称的. 在接近容器的边缘部位加热,而在接近中心部分冷却. 当容器的形状为环形,并且旋转速率很高时,产生波浪,同时它们的形状不规则地改变. 对一组简化方程作数值解,Lorenz 设 x_n 实质上为逐次波的最大动能,根据 x_n 来标出 x_{n+1},再将点联结起来即得上图.

在 4.3,我们给出了一个众所周知的简单条件来保证一个周期点是稳定的;在 4.4,我们给出当 F 像图 2 中那样的一个有用的结果. 这就是说,有一个区间 $J_\infty \subset J$,使得对几乎每一个 $x \in J$,序列 $\{F^n(x)\}$ 的极限点集合是 J_∞.

还有些问题仍然不能回答. 例如,周期点集的闭包是否是一个区间或至少是有限个区间的并? 下面还会提出另一些问题.

注 May 最近在独立地研究性态随着一个参数变化而改变时,发现了这些映射的另一些很强的性质.

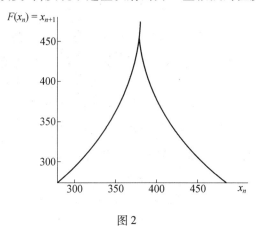

图 2

4.2 主要定理

设 $F: J \to J$. 对于 $x \in J$, $F^0(x)$ 记为 x, $F^{n+1}(x)$ 记为 $F(F^n(x))$, 对 $n=0,1,\cdots$ 成立. 如果 $p \in J$, $p = F^n(p)$ 且当 $1 \leqslant k < n$ 时 $p \neq F^k(p)$, 则我们称 p 是一个周期 n 的周期点. 如果对某 $n \geqslant 1$, p 是周期的, 则我们便称 p 是周期的或周期点. 如果对某一整数 m, $p = F^m(q)$ 是周期的, 则我们称 q 是最终周期的. 因为 F 不必是一对一的, 所以可能有一些点是最终周期的, 但并不是周期的. 我们的目的是来理解一个点的迭代出现非常不规则的情况. 我们主要结果的一个特殊情况指出, 若有一个周期 3 的周期点, 则对每个整数 $n = 1, 2, 3, \cdots$, 存在一个周期 n 的周期点. 而且, 在 J 中有点 x 的不可数的子集, 这些点甚至不是渐近周期的.

历届美国中学生数学试题及解答第 8 卷兼谈 Li – Yorke 定理 1987～1990

定理 1 设 J 为一区间, $F:J \to J$ 是连续的. 假定有一点 $n \in J$, 使得 $b = F(a), c = F^2(a), d = F^3(a)$, 且满足
$$d \leq a < d < c \quad \text{或} \quad d \geq a > b > c$$
则:

(1) 对每一个 $k = 1, 2, \cdots, J$ 中有周期 k 的周期点;

(2) 存在一个不可数子集 $S \subset J$ (S 不包含周期点), S 满足下列条件.

① 对每对 $p, q \in S$ 且 $p \neq q$, 有
$$\lim_{n \to \infty} \sup |F^n(p) - F^n(q)| > 0 \qquad (3)$$
$$\lim_{n \to \infty} \inf |F^n(p) - F^n(q)| = 0 \qquad (4)$$

② 对每一个 $p \in S$ 和周期点 $q \in J$, 有
$$\lim_{n \to \infty} \sup |F^n(p) - F^n(q)| > 0$$

注 如果有一个周期 3 的周期点, 则定理的假设成立.

满足定理假设的函数的一个例子是如同方程 (2) 的 $F(x)$: 当 $r \in (3.84, 4]$ 和 $J = [0, k]$ 时, $F(x) = rx\left[1 - \dfrac{x}{k}\right]$; 当 $r > 4$ 和 $J = [0, k]$ 时, $F(x) = \max\left\{0, rx\left(1 - \dfrac{x}{k}\right)\right\}$.

若周期 3 的周期点存在, 则蕴含了周期 5 的周期点存在, 反之则不成立 (见注 I).

如果有一周期点 p 使得
$$F^n(x) \to F^n(p) \to 0 \quad (n \to \infty) \qquad (5)$$
则我们说 $x \in J$ 是渐近周期的. 由 ② 可知, 集合 S 不包含渐近周期点. 注意: 目前还不知道使方程 (2) 具有不

为渐近周期点的 r 的下确界是何值.

定理 1 的证明 (1)的证明同时代表(1)和(2)两者证明的主要思想. 现在我们给出(1)的证明和必要的引理,把冗长的(2)的证明放在注Ⅱ中.

引理 1 设 $G:I \to R$ 是连续的, I 为一区间, 对任何紧致区间 $I_1 \subset G(I)$, 存在紧致区间 $Q \subset I$, 使得 $G(Q) = I_1$.

证明 设 $I_1 = [G(p), G(q)]$, 这里 $p, q \in I$. 在 $p < q$ 时, 设 r 是 $[p, q]$ 中最后一个使 $G(r) = G(p)$ 的点, 并设 s 是在 r 后第一个使 $G(s) = G(q)$ 的点, 则 $G([r, s]) = I_1$. 同理可证 $p > q$ 的情况.

引理 2 设 $F: J \to J$ 是连续的, 并设 $[I_n]_{n=0}^{\infty}$ 为一紧致区间序列, 对所有 n, 有 $I_n \subset J$ 和 $I_{n+1} \subset F(I_n)$, 则存在一紧致区间序列 Q_n, 使得对 $n \geq 0$, 有 $Q_{n+1} \subset Q_n \subset I_0$ 和 $F^n(Q_n) = I_n$. 对任意 $x \in Q = \cap Q_n$ 和对所有的 n, 有 $F^n(x) \in I_n$.

证明 定义 $Q_0 = I_0$, 则 $F^0(Q_0) = I_0$. 若 Q_{n-1} 已定义为 $F^{n-1}(Q_{n-1}) = I_{n-1}$, 则 $I_n \subset F(I_{n-1}) = F^n(Q_{n-1})$. 由引理 1, 把 $G = F^n$ 作用于 Q_{n-1} 上, 则有一个紧致区间 $Q_n \subset Q_{n-1}$ 使得 $F^n(Q_n) = I_n$. 于是完成归纳证明.

研究某一集合序列怎样相互映入或映到的技巧常常在动力系统的研究中使用. 例如, Smale 在他著名的"马蹄的例子"(horse-shoe example)中应用这一方法, 证明在平面上的一个同胚可以有无限多的周期点.

引理 3 设 $G: J \to R$ 是连续的, 又设 $I \subset J$ 为一紧致区间. 假设 $I \subset G(I)$, 则有一点 $p \in I$ 使得 $G(p) = p$.

证明 设 $I = [\beta_0, \beta_1]$，选取 I 中的点 $\alpha_i (i = 0, 1)$ 使得 $G(\alpha_i) = \beta_i$，这就得到 $\alpha_0 - G(\alpha_0) \geq 0$ 和 $\alpha_1 - G(\alpha_1) \leq 0$. 并由连续性知对 I 中的某 β，必有 $G(\beta) - \beta = 0$.

和定理 1 一样假定 $k \leq a < b < c$，对于 $d \geq a > b > c$ 的情况的证明是相似的，因此这里略去. 记 $K = [a, b]$ 和 $L = [b, c]$.

(1) 的证明. 设 k 是一正整数. 对 $k > 1$，设 $\{I_n\}$ 为一区间序列，当 $n = 0, \cdots, k-2$ 时，$I_n = L$ 且 $I_{k-1} = K$. 规定 I_n 是周期的，对于 $n = 0, 1, 2, \cdots$，有 $I_{n+k} = I_n$. 若 $k = 1$，对所有 n 设 $I_n = L$.

设 Q_n 是引理 2 证明中的集合，于是 $Q_k \subset Q_0$ 且 $F^k(Q_k) = Q_0$. 因此由引理 4，$G = F^k$ 在 Q_k 中有不动点 p_k. 显然，p_k 对于 F 不可能有小于 k 的周期；否则，我们应该要求有 $F^{k-1}(p_k) = b$，这与 $F^{k+1}(p_k) \in L$ 相矛盾. 因此点 p_k 是 F 的周期 k 的周期点.

4.3 接近周期点的性态

对于某些函数 F，一个点的迭代的渐近性态可以借助于研究周期点来了解. 对于

$$F(x) = ax(1-x) \qquad (6)$$

当 $a \in [0, 4]$ 时周期 1 和周期 2 的点的详细讨论见注 I，我们这里对这些结果作简要的介绍. 设 $a \in [0, 4]$，$F: [0, 1] \to [0, 1]$.

对 $a \in [0, 1]$，$x = 0$ 是唯一的周期为 1 的周期点. 事实上，对 $x \in [0, 1]$，当 $n \to \infty$ 时，序列 $\{F^n(x)\} \to 0$.

对 $a \in [1, 3]$，有两个周期 1 的点，即 0 和 $1 - a^{-1}$，

对于 $x \in (0,1)$,当 $n \to \infty$ 时,$F^n(x) \to 1 - a^{-1}$.

对于 $a > 3$,也有两个周期 2 的点,记为 p 和 q,当然 $F(p) = q, F(q) = p$.

对于 $a \in (3, 1+\sqrt{6} \approx 3.449)$ 和 $x \in (0,1)$ 时,$F^{2n}(x)$ 收敛到 p 或 q,而 $F^{2n+1}(x)$ 收敛到 p 或 q 的另一点. 即对于这些 x,存在一个 n,使得 $F^n(x)$ 等于周期 1 的点 $1 - a^{-1}$. 这样的点只有可数个,因此那些 $\{F^n(x)\}$ 的性态可由研究周期点来得到.

对于 $a > 1 + \sqrt{6}$,有四个周期 4 的点. 对于 a 稍大于 $1 + \sqrt{6}$,除了某些 n 以外,$F^{4n}(x)$ 趋于这四个点之一,$F^n(x)$ 等于周期 1 或 2 的点之一. 因而我们可以总结说,$[0,1]$ 中的每一点是渐近周期的.

对于使每个点是渐近周期的那些 a 值,只要研究周期点以及它们的稳定性就足够了. 对任一函数 F,如果对某区间 $I = (y - \delta, y + \delta)$,有

$$|F^k(x) - y| < |x - y| \quad (\text{对所有 } x \in I \text{ 成立})$$

则我们说具有周期 k 的点 $y \in J$ 是渐近稳定的. 如果 F 在点 $y, F(y), \cdots, F^{k-1}(y)$ 处是可微的,这个简单条件

$$\left| \frac{\mathrm{d}}{\mathrm{d}x} F^k(x) \right| < 1$$

将保证渐近稳定的性态. 由链规则

$$\frac{\mathrm{d}}{\mathrm{d}x} F^k(x) = \frac{\mathrm{d}}{\mathrm{d}x} F(F^{k-1}(y)) \frac{\mathrm{d}}{\mathrm{d}x} F^{k-1}(y) =$$

$$\frac{\mathrm{d}}{\mathrm{d}x} F(F^{k-1}(y)) \frac{\mathrm{d}}{\mathrm{d}x} F(F^{k-2}(y)) \cdots \frac{\mathrm{d}}{\mathrm{d}x} F(y) =$$

$$\prod_{n=0}^{k-1} \frac{\mathrm{d}}{\mathrm{d}x} F(y_n) \tag{7}$$

这里 y_n 是第 n 次迭代,即 $F^n(y)$. 因此,如果

$$\left| \prod_{n=0}^{k-1} \frac{\mathrm{d}}{\mathrm{d}x} F(y_i) \right| < 1 \quad (y_i = F^i(y))$$

则 y 是渐近稳定的. 这一条件绝不保证不从接近周期点和它的迭代点开始迭代的点的极限性态. 由 Lorenz 研究的图 2 中的函数具有相反的性质,也就是在导数存在处有

$$\left| \frac{\mathrm{d}}{\mathrm{d}x} F(x) \right| > 1$$

对于这样的函数,每一个周期点都是不稳定的. 因为当 x 靠近周期 k 的周期点 y 时,第 k 次迭代点 $F^m(x)$ 离开 y 比 x 离开 y 还要远. 为了看清这一点,对 $F^k(x)$ 作近似

$$F^k(y) + \frac{\mathrm{d}}{\mathrm{d}x} F^k(y)[y-x] = y + \frac{\mathrm{d}}{\mathrm{d}x} F^k(y)[y-x]$$

这样,当 x 接近 y 时,$|F^k(x)-y|$ 近似于 $|x-y| \cdot \left| \frac{\mathrm{d}}{\mathrm{d}x} F^k(y) \right|$. 由(7),$\left| \frac{\mathrm{d}}{\mathrm{d}x} F^k(y) \right|$ 是大于 1 的. 因此,$F^k(x)$ 离开 y 比 x 离开 y 要远.

我们不知道 a 取什么值时,(6)中的 F 开始出现不是渐近周期的点. 当 $a=3.627$ 时,F 有周期 6(x 近似为 0.498)的周期点(是渐近稳定的). 一旦这个 x 是 F^2 的周期 3 的点,就可将定理用于 F^2. 因为 F^2 有非渐近周期点,因此对 F 亦然.

为了将本节的结果与下一节讨论的其他可能情况作对照,我们定义点 x 的极限集. 如果存在收敛到 y 的子序列 $\{x_{n_i}\}$,则称点 y 是序列 $\{x_n\} \subset J$ 的一个极

限点. 该极限集 $L(x)$ 定义为 $\{F^n(x)\}$ 的极限点的集合. 如果 x 是渐近周期的,则 $L(x)$ 是周期为 k 的某一个周期点 y 的集合 $\{y, F(y), \cdots, F^{k-1}(y)\}$.

4.4 $\{F^n(x)\}$ 的统计性质

定理 1 给出点迭代性态的不规则性. 我们还需要研究当 F 是逐段可微(如图 2 中 Lorenz 研究的函数)以及满足

$$\inf_{x \in J_1} \left| \frac{\mathrm{d}F}{\mathrm{d}x} \right| > 1 \quad \left(\text{这里 } J_1 = \left\{ x \left| \frac{\mathrm{d}F}{\mathrm{d}x} \text{存在} \right. \right\} \right) \quad (8)$$

时,序列 $\{F^n(x)\}$ 有规则性态.

如果可能的话,研究这种函数的渐近性质的第一种方法是研究 $L(x)$. 第二种方法其实也与第一种方法有关,是考虑 $\{F^n(x)\}$ 的平均性态. x 的迭代点 $(x, \cdots, F^{n-1}(x))$ 落在 $[a_1, a_2]$ 中的百分率将以 $\phi(x, n, [a_1, a_2])$ 来标记. 当极限存在时,极限百分率记为

$$\phi(x, n, [a_1, a_2]) = \int_{a_1}^{a_2} g(x) \mathrm{d}x \quad (a_1, a_2 \in J_1, a_1 < a_2)$$

则我们说 g 是 x 关于 F 的密度.

研究密度要用到测度和泛函分析中的非初等方法,因此我们这里只概括叙述其结论. 但是极为重要的事实是,对某些 F,对几乎所有的 $x \in J$ 有同样的密度. 直到目前,除了对最简单的函数,这样一种密度的存在性没有被证明. 下面的结果是最近证得的.

定理 2 设 $F: J \to J$,满足下列条件:

(1) F 是连续的;

(2) 除了一点 $t \in J, F$ 是二次连续可微的;

(3) F 满足 (4,1).

则存在一函数 $g: J \to [0, \infty)$,使得对几乎所有的 $x \in J$,g 是 x 的密度。另外,对于几乎所有的 $x \in J, L(x) = \{y \mid g(y) > 0\}$ 是一个区间. 而且,集合 $J_\infty = \{y \mid g(y) > 0\}$ 是一个区间,$L(x) = J_\infty$,对几乎所有的 x 成立.

注 I 周期 5 并不蕴含周期 3.

在该注中,我们给出一个例子,它有周期 5 的不动点,但是没有周期 3 的不动点.

设 $F: [1, 5] \to [1, 5]$,是如下定义的:$F(1) = 3$,$F(2) = 5, F(3) = 4, F(4) = 2, F(5) = 1$,并且在每一区间 $[n, n+1]$ 上,$1 \leq n \leq 4$. 假定 F 是线性的,则有

$$F^2([1,2]) = F^2([3,5]) = F([1,4]) = [2,5]$$

因此,F^3 在 $[1, 2]$ 中无不动点. 类似地,$F^2([2,3]) = [3, 5], F^3([4, 5]) = [1, 4]$,因此,这些区间也不包含 F^3 的不动点. 另一方面

$$F^3([3,4]) = F^2([2,4]) = F([2,5]) =$$
$$[1,5] \supset [3,4]$$

因此,F^3 在 $[3, 4]$ 中一定有一个不动点,我们现证明 F^3 的不动点是唯一的,且也是 F 的不动点.

设 $p \in [3, 4]$ 为 F^3 的一个不动点,则 $F(p) \in [2, 4]$. 若 $F(p) \in [2, 3]$,则 $F^3(p)$ 应该是在 $[1, 2]$ 中,而这是不可能的,因为 p 不可能是一个不动点,因而 $F(p) \in [3, 4], F^2(p) \in [2, 4]$. 若 $F^2(p) \in [2, 3]$,应该有 $F^3(p) \in [4, 5]$,这是不可能的. 因此,$p, F(p), F^2(p)$ 全在 $[3, 4]$ 中. F 是线性的,因此 $F(x) = 10 - 2x$. 这一函数有一个不动点 $\frac{10}{3}$,且容易看出,F^3 有

唯一的不动点,它一定是 $\frac{10}{3}$,因而不会有周期 3 的点.

注 Ⅱ 定理 1 中 (2) 的证明

设 μ 为区间序列 $M = \{M_n\}_{n=1}^{\infty}$ 的集合,其中:

(i) $M_n = K$ 或 $M_n \subset L$,且 $F(M_n) \supset M_{n+1}$,如果 $M_n = K$,那么:

(ii) n 是一个整数的平方数,且 $M_{n+1}, M_{n+2} \subset L$.

这里 $K = [a, b]$ 和 $L = [b, c]$. 当然,如果 n 是整数平方数时,那么 $n+1$ 和 $n+2$ 就不会是平方数,因此 (ii) 的最后一个要求是多余的. 对 $M \in \mu$,设 $P(M, n)$ 表示 $\{1, \cdots, n\}$ 中满足 $M_i = K$ 的下标 i 的数,对每一个 $r \in \left(\frac{3}{4}, 1\right)$,选取 $M^r = \{M_n^r\}_{n=1}^{\infty}$ 为 μ 中的一个序列,使得:

(iii) $\lim\limits_{n \to \infty} P(M^r, n^2)/n = r$.

设 $M_0 = \left\{ M^r \mid r \in \left(\frac{3}{4}, 1\right) \right\} \subset M$,则 μ_0 是不可数的,因为对 $r_1 \neq r_2$,有 $M_1^{r_1} \neq M_1^{r_2}$. 对每一个 $M^r \in \mu_0$,由引理 2,存在点 x_r 使对所有的 n,有 $F^n(x_r) \in M_n^r$. 设 $S = \left\{ x_r \mid r \in \left(\frac{3}{4}, 1\right) \right\}$,则 S 也是不可数的. 对 $x \in S$,设 $P(x, n)$ 表示 $\{1, \cdots, n\}$ 中有 $F^i(x) \in K$ 的上标 i 的数. 我们绝不会有 $F^k(x_r) = b$,否则 x_r 最终会有周期 3,而这同 (ii) 矛盾,因而 $P(x_r, n) = P(M^r, n)$ 对所有的 n 成立,于是对所有的 r,有

$$p(x_r) = \lim\limits_{n \to \infty} P(x_r, n^2) = r$$

我们要求:

(iv) 对 $p, q \in s, p \neq q$，存在无限多个 n，使得 $F^{(n)}(p) \in K$，且 $F^{(n)}(q) \in L$，或反之亦然. 我们可以假定 $p(p) > p(q)$，则 $P(p,n) - P(q,n) \to \infty$，于是一定有无限多个 n，使 $F^n(p) \in K$ 且 $F^n(q) \in L$.

因为 $F^2(b) = d \leq a$ 和 F^2 是连续的，所以存在 $\delta > 0$，使得 $F^2(x) < \frac{b+d}{2}$ 对所有 $x \in [b-\delta, b] \subset K$ 成立. 若 $p \in S$ 且 $F^n(p) \in K$，则（ii）蕴含 $F^{n+1}(p) \in L$ 且 $F^{n+2}(p) \in L$. 因此 $F^n(p) < b - \delta$. 如果 $F^n(q) \in L$，那么，$F^n(q) \geq b$，于是

$$|F^n(p) - F^n(q)| > \delta$$

由（iv），对任意 $p, q \in S, p \neq q$，有

$$\limsup_{n \to \infty} |F^n(p) - F^n(q)| \geq \delta > 0$$

(3) 得证.

式(4)的证明 因为 $F(b) = c, F(c) = d \leq a$，所以我们可以选取区间 $[b^n, c^n], n = 0, 1, 2, \cdots$，使得：

(1) $[b, c] = [b^0, c^0] \supset [b^1, c^1] \supset \cdots \supset [b^n, c^n] \supset \cdots$；

(2) $F(x) \in (b^n, c^n)$，对所有 $x \in (b^{n+1}, c^{n+1})$ 成立；

(3) $F(b^{n+1}) = c^n, F(c^{n+1}) = b^n$.

设 $A = \bigcap_{n=0}^{\infty} [b^n, c^n], b^* = \inf A, c^* = \sup A$，则由(3) 得 $F(b^*) = c^*$ 和 $F(c^*) = b^*$.

为了证明(4)，我们要对序列 M^r 作具体选择. 除了前面 $M \in \mu$ 的要求，我们将假定，若对 $k = n^2$ 和 $(n+1)^2$ 有 $M_k = K$，则当 $k = n^2 + (2j-1)$ 时，有 $M_k = [b^{2n-(2j-1)}, b^*]$，而当 $k = n^2 + 2j$ 时，有 $M_k = [c^*,$

$c^{2n-2j}]$,这里 $j = 1, \cdots, n$. 对于剩下的不足整数平方数的 k,我们设 $M_k = L$.

容易证明,这些要求同(i)和(ii)是相容的,我们仍然可以选取 M^r,使其满足(iii). 注意到 $\rho(x)$ 可以看成是 $F^{n^2}(x) \in K$ 的那些 n 的百分率的极限,因而对任意 $r^*, r \in \left(\dfrac{3}{4}, 1\right)$,存在无限多个 n,使得当 $k = n^2$ 和 $(n+1)^2$ 时,$M_k^r = M_k^{r^*} = K$. 为了证明(4),设 $x_r^* \in S$. 因为当 $n \to \infty$ 时 $b^n \to b^*$,$c^n \to c^*$,对任意 $\varepsilon > 0$,存在 N,对所有的 $n > N$,有 $|b^n \to b^*| < \dfrac{\varepsilon}{2}$ 和 $|c^n \to c^*| < \dfrac{\varepsilon}{2}$. 于是,对任意的 $n > N$ 的 n 和当 $k = n^2, (n+1)^2$ 时 $M_k^r = M_k^{r^*} = K$,我们有

$$F^{n^2+1}(x_r) \in M_k^r = [b^{2n-1}, b^*]$$

这里 $k = n^2 + 1$,且 $F^{n^2+1}(x_r)$ 和 $F^{n^2+1}(x_r^*)$ 同时属于 $[b^{2n-1}, b^*]$. 因而,$|F^{n^2+1}(x_r) - F^{n^2+1}(x_r^*)| < \varepsilon$. 因为具有这样性质的 n 有无限多个,于是

$$\liminf_{n \to \infty} |F^n(x_r) - F^n(x_r^*)| = 0$$

注 该定理可推广到假定 $F: J \to R$,而不假定 $F(J) \subset J$. 我们将这一证明留给读者. 当然,$F(J) \cap J$ 应该非空,因为在 b, c 和 d 定义后,它应包含点 a,b 和 c.

中国科学院成都分院的张景中教授领导了一个一维动力系统的研究小组,卓有成效,以下是章雷的一个结果.

5 线段自映射回归点的回归方式

章雷着重研究了回归点的回归方式. 由此看出: 在 Sarkovskii 序的意义下, 线段自映射的回归点的回归方式与它的周期点的周期有着十分密切的联系.

他的主要结论是:

定理 1 设 $f \in C^0(I,I)$, $n \in \mathbf{Z}_+$, 则 f 无 $2^n r$ ($\forall r > 1$ 奇数) 周期的充分必要条件是 $\forall x \in R(f) \setminus F(f^2)$, 不存在 $\bigcup_{i=0}^{n} \{2^i \cdot (2j+1)\}_{j=0}^{+\infty}$ 中的子列 $\{m_i\}_{i=1}^{+\infty}$ 满足 $\lim_{i \to +\infty} f^{m_i}(x) = x$.

定理 2 设 $f \in C^0(I,I)$, 则 f 无非 2 方幂周期的充分必要条件是 $R(f) = \{x \in I | x \in \overline{A}_x\}$, 这里 $A_x = \{f(x), f^2(x), f^4(x), \cdots, f^{2^n}(x), \cdots\}$.

他所考虑的映射均限于闭区间 $I \subset \mathbf{R}^1$ 上的连续自映射集 $C^0(I,I)$ 之内. 对于回归点我们采用如下定义:

定义 设 $f \in C^0(I,I)$, 称 $x \in I$ 是 f 的一个回归点, 如果存在自然数子列 $\{n_i\}_{i=1}^{+\infty}$ 满足
$$\lim_{i \to +\infty} f^{n_i}(x) = x$$
f 的所有回归点的集合记为 $R(f)$.

引理 1 设 $f \in C^0(I,I)$, $x_0 \in I$, $x_i = f(x_{i-1})$, $i = 1, 2, \cdots, n$. 如果 $x_n \leq x_0 < x_1$ 或 $x_n \geq x_0 > x_1$ 成立, 且 n 为奇数, 那么 f 必有大于 1 的奇周期点.

引理 2 设 $f \in C^0(I,I)$. 如果存在正整数 n_1, n_2, n_3

满足 $\min\{n_1, n_2\} > n_3$,且 $f^{n_1}(x) < f^{n_3}(x) < f^{n_2}(x)$ 或 $f^{n_1}(x) > f^{n_3}(x) > f^{n_2}(x)$ 成立,则当 n_1, n_2 为偶数,n_3 为奇数,或者 n_1, n_2 为奇数,n_3 为偶数时,f 必有大于 1 的奇周期点.

证明 我们仅对 n_1, n_2 为偶数,n_3 为奇数的情形予以证明(另一情形可类似证明).不妨设 $f^{n_1}(x) < f^{n_3}(x) < f^{n_2}(x)$,$n_2 > n_1$.令 $z = f^{n_2}(x)$,$I_1 = n_1 - n_3$,$I_2 = n_2 - n_3 \Rightarrow f^{I_1}(z) > z > f^{I_2}(z)$.由假设 I_1, I_2 均为奇数.显然由 $I_1 > I_2$ 知 $f(z) \neq z$,故无论 $f(z) > z$ 或 $f(z) < z$,由引理 1 可推出 f 必有大于 1 的奇周期点.

引理 3 设 $f \in C^0(I, I)$.f 无大于 1 的奇周期点的充要条件是 $\forall x \in I \setminus F(f)$,$x$ 不是集合 $\{f^{2i+1}(x)\}_{i=0}^{+\infty}$ 的聚点.这里 $F(f)$ 为 f 的不动点集.

证明 充分性.假若结论不成立,设 $x \in I \setminus F(f)$ 是 f 的一个周期为 $2k+1$ ($k \geq 1$) 的周期点.显然,$\forall s \in \mathbb{Z}_+$,有 $f^{(2S+1)(2k+1)}(x) = x$,即 $\lim_{s \to \infty} f^{2(2Sk+S+k)+1}(x) = x$.这说明 x 是 $\{f^{2i+1}(x)\}_{i=0}^{+\infty}$ 的聚点,矛盾.

必要性.反之,必存在 $x \in \setminus F(f)$ 和序列 $\{n_i\}_{i=1}^{+\infty} \subset \mathbb{Z}_+$,满足

$$\lim_{i \to +\infty} f^{2n_i+1}(x) = x \quad (1)$$

由此可推知 $\{x, f(x), f^2(x), f^3(x)\}$ 中元两两不等(由已知 $f^3(x) \neq x$).又由 f 的连续性和式(1)有

$$\lim_{i \to +\infty} f^{2n_i+2}(x) = f(x) \quad (2)$$

$$\lim_{i \to +\infty} f^{2n_i+3}(x) = f^2(x) \quad (3)$$

$$\lim_{i \to +\infty} f^{2n_i+4}(x) = f^3(x) \quad (4)$$

不妨设 $f(x) > x$. 考虑如下几种情况.

(i) $f^2(x) < x$. 由式(3)知 $\exists m \in \mathbf{Z}_+$ 满足 $f^{2m+3}(x) < x < f(x)$, 由引理1, f 有大于1的奇周期点, 矛盾.

(ii) $x < f^2(x) < f(x)$. 当 $f^3(x) < f^2(x)$ 时, 由式(2)(3)(4) 知 $\exists m_1, m_2, m_3 \in \mathbf{Z}_+$, $\min\{m_1, m_3\} > m_2$ 满足
$$f^{2m_1+4}(x) < f^{2m_2+3}(x) < f^{2m_2+2}$$
由引理2知 f 有大于1的奇周期点, 矛盾. 当 $f^3(x) > f^2(x)$ 时, 令 $y = f^2(x)$, 故 $f(y) > y$. 由式(1)知存在 $m \in \mathbf{Z}_+$ 满足 $f^{2m+3}(x) < f^2(x)$ 即 $f^{2m+1}(y) < y$, 故 $f^{2m+1}(y) < y < f(y)$. 由引理1知 f 有大于1的奇周期点, 矛盾.

(iii) $f(x) < f^2(x)$. 由式(1)(2)(3)可知 $\exists m_1, m_2, m_3 \in \mathbf{Z}_+$, $\min\{m_1, m_3\} > m_2$ 满足
$$f^{2m_1+1}(x) < f^{2m_2+2}(x) < f^{2m_3+3}(x)$$
由引理2知 f 有大于1的奇周期点, 矛盾.

综上可知引理的必要性成立.

定理1的证明:

充分性 假若结论不成立. 设 x 是 f 的一个 $2^n r$ 周期点. 令 $g = f^2$, 则 x 是 g 的一个 r 周期点. 另一方面, 对 $\forall y \in R(g) \setminus F(g)$, 由已知 y 不是 $\{g^{2i+1}(y)\}_{i=0}^{+\infty}$ 的聚点, 由引理3的充分性知 g 无 r 周期点, 这与上述矛盾. 故充分性成立.

必要性 如结论不成立, 即存在 $\bigcup_{i=0}^{n} \{2^i (2j+$

$1)\}_{j=0}^{+\infty}$ 的子列 $\{m_i\}_{i=1}^{+\infty}$ 和 $x \in R(f) \setminus F(f^{2^n})$ 满足

$$\lim_{i \to +\infty} f^{m_i}(x) = x$$

由此可知必存在 $0 \leqslant s \leqslant n$ 和 $\{n_i\}_{i=1}^{+\infty} \subset \mathbf{Z}_+$ 满足

$$\{2^s(2n_i+1)\}_{i=1}^{+\infty} \subset \{m_i\}_{i=1}^{+\infty}$$

且

$$\lim_{i \to +\infty} f^{2^s(2n_i+1)}(x) = x$$

令 $g = f^{2^s}$，就有 $\lim\limits_{i \to +\infty} g^{2n_i+1}(x) = x$.

由于 $R(f) = R(f^{2^s})$，$F(f^{2^n}) \supset F(f^{2^s})$，故 $x \in R(g) \setminus F(g)$，据引理 3 知 g 有一个周期为 r_1 (>1, 奇) 的周期点 y，故 $f^{2^s r}(y) = y$. 设 y 是 f 的 k 周期点，故 $k | 2^s r_1$，记 $k = 2^t l, l$ 为奇数，$0 \leqslant t \leqslant s, l \leqslant r_1$. 如果 $l = 1$，由上可知 y 是 g 的 2 的方幂周期点，矛盾. 故 $l > 1$，由 Sarkovskii 定理，f 必有 $2^n r_1$ 周期点，这与已知相矛盾.

引理 4 设 $f \in C^0(I, I)$，f 无非 2 方幂周期. 如果 $x \in R(f)$，则 $x \in \overline{A}_x$，这里

$$A_x = \{f(x), f^2(x), f^4(x), \cdots, f^{2^n}(x), \cdots\}$$

证明 假若结论不成立，由 $x \in R(f) \setminus \overline{A}_x$ 知存在 $\{k_i\}_{i=1}^{+\infty}$ 和 $\{n_i\}_{i=1}^{+\infty}$ 满足

$$\lim_{i \to +\infty} 2^{(2k_i+1)2^{n_i}}(x) = x \tag{5}$$

由定理 1 及我们的已知条件，不妨设 $n_i > 2$，对 $\forall i \geqslant 1$，显然 $2^{n_i} - 2$ 为非 2 方幂数，$\forall i \geqslant 1$. 设

$$2^{n_i} - 2 = 2^{m_i}(2l_i + 1), s_i = 2^{n_i - m_i} k_i + l_i$$
$$t_i = 2^{m_i}(2s_i + 1) \quad (i = 1, 2, \cdots)$$

故

$$(2k_i+1)2^{n_i} = 2^{n_i+1}k_i + 2^{n_i} - 2 + 2 =$$
$$2^{m_i}(2^{n_i+1-m_i}k_i + 2l_i + 1) + 2 =$$
$$2[2^{m_i-1}(2s_i+1)+1] =$$
$$2(2t_i+1)(\text{由 } n_i > 2 \text{ 知 } m_i \geq 2 \text{ 对 } \forall i \geq 1)$$

由式$(5) \Rightarrow \lim\limits_{n \to +\infty} f^{2(2t_i+1)}(x) = x.$

根据定理1,f有非2方幂周期点,这与已知条件矛盾.

定理2的证明 **必要性** 由引理4知$R(f) \subset \{x \in I | x \in \overline{A}_x\}$. 如果$x \in A_x \Rightarrow x$是$f$的周期点,那么$x \in R(f)$. 又由定义$\overline{A}_x \backslash A_x \subset R(f)$,故$R(f) \supset \{x \in I | x \in \overline{A}_x\}$. 必要性成立.

充分性 假若f有一个非2方幂周期点y,设周期为$2^n r (r > 1, \text{奇})$,显然$y \notin A_y$,所以$y \in R(f) \backslash A_y$. 由$R(f) = \{x \in I | x \in \overline{A}_x\}$知$y \in \overline{A}_y \backslash A_y$,故存在$\{n_i\}_{i=1}^{+\infty} \subset \mathbf{Z}^+$满足

$$\lim\limits_{i \to +\infty} f^{2n_i}(y) = y.$$

不妨设$n_i > n$,对$\forall i \geq 1$,令$g = f^{2^n}$,$m_i = n_i - n$,$i = 1, 2, \cdots$. 那么y是g的r周期点,并且$\lim\limits_{i \to +\infty} g^{2^{m_i}}(y) = y$. 但$r$是大于1的奇数,矛盾,故充分性成立.

6 推广到集值映射

在全国大学生数学竞赛(夏令营)中甚至还出现了不动点的集值映射情形. 如第4届(1990年)试题:

试题F 设S为一非空集合,$P(S)$表示S的幂集

合,即 S 的一切子集(包括空集和 S 本身)是 $P(S)$ 的全部元素. 令 f 是 $P(S)$ 到其自身的一个映射, 满足 $f(Z) \supset f(\bar{y})$. 若 $z \supset \bar{y}$, 试证: 存在 $A \in P(S)$, 使得 $f(A) = A$.

分析 显然, $f(\varnothing) \supset \varnothing$, 因此如果令

$$A_0 = \varnothing, A_n = F(A_{n-1}) \quad (n = 1, 2, 3, \cdots)$$

则由映射 f 的单调性(即 $A \supset \bar{y} \Rightarrow f(Z) \supset f(\bar{y})$)可知 $A_n \supset A_{n-1}, n = 1, 2, 3, \cdots$, 即

$$\varnothing = A_0 \subset A_1 \subset A_2 \subset \cdots \subset A_n \subset \cdots$$

因此, 如果 S 是有限集, 则不难得到: $f(\varnothing) = \varnothing$; 或者有 $j \in \mathbf{N}, A_j \subsetneqq S$ 为 S 的真子集, 使得 $f(A_j) = A_j$; 或者有 $n \in \mathbf{N}$, 使 $A_n = S$, 则 $f(A_n) = A_n$.

但是, S 是一般的集合, 不妨认为其为无限集, 这样, 上面的证明就通不过了.

然而, 我们仍从中受到启发,"$f(\varnothing) \supset \varnothing$"告诉我们, 满足条件 $f(Z) \supset Z$ 的集合 $Z \subset S$ 是存在的. 而不动集合 A(亦即 A 满足 $f(A) = A$)亦满足 $f(A) \supset A$, 因此 A 应在非空集合

$$\mathscr{A} = \{Z \subset S \mid f(Z) \supset Z\}$$

中. 可以想象, 如果集合 $\bigcup_{Z \in \mathscr{A}} Z \in \mathscr{A}$, 则 $\bigcup_{Z \in \mathscr{A}} Z$ 是 $\mathscr{A}$ 中最大的元素, 它应是映射 f 的一个不动集合, 容易证明 $\bigcup_{Z \in \mathscr{A}} Z \in A$.

有了目标, 就可以逐步去实现了.

证明 显然, $f(\varnothing) \supset \varnothing$, 因此, 集合

$$\mathscr{A} = \{Z \subset S \mid f(Z) \supset Z\}$$

非空. 令

$$A = \bigcup_{Z \in \mathscr{A}} Z$$

我们断言，$A = f(A)$. 事实上，对 $\forall Z \in \mathscr{A}$，有 $Z \subset A$，由 $\mathscr{A}$ 的定义及 f 的单调性，有

$$Z \subset f(Z) \subset f(A)$$

因此 $$A = \bigcup_{Z \in \mathscr{A}} Z \subset f(A)$$

即 $$A \in \mathscr{A}$$

另一方面，由 $A \subset \mathscr{A}$ 及 f 的单调性知 $f(A) \subset f(f(A))$，即 $f(A) \in \mathscr{A}$，因此 $A = \bigcup_{Z \in \mathscr{A}} Z \supset f(A)$.

综上所述，即得 $A = f(A)$.

注 由对偶性容易知道，如果令

$$\mathscr{B} = \{\bar{y} \subset S \mid \bar{y} \supset f(\bar{y})\}$$

由于显然有 $S \supset f(S)$，因此 $\mathscr{B} \neq \varnothing$，再令 $A = \cap_{\bar{y} \in \mathscr{B}} \bar{y}$，则

$$A = f(A)$$

试题 F 改编自下面的试题 G.

试题 G 如果一个集合的每个子集合 Z 均伴以一个第二子集合 $f(Z)$，使得当 Z 包含 $\bar{y}$ 的 $f(Z)$ 包含 $f(\bar{y})$. 试证：对某个集合 A，有 $f_{(A)} = A$.

(1957 年第 17 届 Putnam 竞赛 B - 5)

证明 设给定的集合为 S，定义

$$C = \{Z \subseteq S \mid Z \subseteq fZ\}$$

且设 A 是 C 的所有元素的并集. 我们来证 $A = f(A)$. 设 $Z \in C$，则 $Z \subseteq f(Z)$ 且 $Z \subseteq A$，于是 $f(Z) \subseteq f(A)$（由假设），故 $Z \subseteq f(A)$. 由并集的定义有 $A \subseteq f(A)$，又由假设有 $f(A) \subseteq f(f(A))$，故 $f(A) \in C$，再由并集的定义有

$$f(A) \subseteq A$$

哈尔滨工业大学出版社刘培杰数学工作室
已出版(即将出版)图书目录

书　名	出版时间	定　价	编号
新编中学数学解题方法全书(高中版)上卷	2007—09	38.00	7
新编中学数学解题方法全书(高中版)中卷	2007—09	48.00	8
新编中学数学解题方法全书(高中版)下卷(一)	2007—09	42.00	17
新编中学数学解题方法全书(高中版)下卷(二)	2007—09	38.00	18
新编中学数学解题方法全书(高中版)下卷(三)	2010—06	58.00	73
新编中学数学解题方法全书(初中版)上卷	2008—01	28.00	29
新编中学数学解题方法全书(初中版)中卷	2010—07	38.00	75
新编中学数学解题方法全书(高考复习卷)	2010—01	48.00	67
新编中学数学解题方法全书(高考真题卷)	2010—01	38.00	62
新编中学数学解题方法全书(高考精华卷)	2011—03	68.00	118
新编平面解析几何解题方法全书(专题讲座卷)	2010—01	18.00	61
新编中学数学解题方法全书(自主招生卷)	2013—08	88.00	261
数学眼光透视(第2版)	2017—06	78.00	732
数学思想领悟	2008—01	38.00	25
数学应用展观	2008—01	38.00	26
数学建模导引	2008—01	28.00	23
数学方法溯源	2008—01	38.00	27
数学史话览胜(第2版)	2017—01	48.00	736
数学思维技术	2013—09	38.00	260
数学解题引论	2017—05	48.00	735
从毕达哥拉斯到怀尔斯	2007—10	48.00	9
从迪利克雷到维斯卡尔迪	2008—01	48.00	21
从哥德巴赫到陈景润	2008—05	98.00	35
从庞加莱到佩雷尔曼	2011—08	138.00	136
数学奥林匹克与数学文化(第一辑)	2006—05	48.00	4
数学奥林匹克与数学文化(第二辑)(竞赛卷)	2008—01	48.00	19
数学奥林匹克与数学文化(第二辑)(文化卷)	2008—07	58.00	36′
数学奥林匹克与数学文化(第三辑)(竞赛卷)	2010—01	48.00	59
数学奥林匹克与数学文化(第四辑)(竞赛卷)	2011—08	58.00	87
数学奥林匹克与数学文化(第五辑)	2015—06	98.00	370

哈尔滨工业大学出版社刘培杰数学工作室 已出版(即将出版)图书目录

书　名	出版时间	定　价	编号
世界著名平面几何经典著作钩沉——几何作图专题卷(上)	2009—06	48.00	49
世界著名平面几何经典著作钩沉——几何作图专题卷(下)	2011—01	88.00	80
世界著名平面几何经典著作钩沉(民国平面几何老课本)	2011—03	38.00	113
世界著名平面几何经典著作钩沉(建国初期平面三角老课本)	2015—08	38.00	507
世界著名解析几何经典著作钩沉——平面解析几何卷	2014—01	38.00	264
世界著名数论经典著作钩沉(算术卷)	2012—01	28.00	125
世界著名数学经典著作钩沉——立体几何卷	2011—02	28.00	88
世界著名三角学经典著作钩沉(平面三角卷Ⅰ)	2010—06	28.00	69
世界著名三角学经典著作钩沉(平面三角卷Ⅱ)	2011—01	38.00	78
世界著名初等数论经典著作钩沉(理论和实用算术卷)	2011—07	38.00	126
发展空间想象力	2010—01	38.00	57
走向国际数学奥林匹克的平面几何试题诠释(上、下)(第1版)	2007—01	68.00	11,12
走向国际数学奥林匹克的平面几何试题诠释(上、下)(第2版)	2010—02	98.00	63,64
平面几何证明方法全书	2007—08	35.00	1
平面几何证明方法全书习题解答(第1版)	2005—10	18.00	2
平面几何证明方法全书习题解答(第2版)	2006—12	18.00	10
平面几何天天练上卷·基础篇(直线型)	2013—01	58.00	208
平面几何天天练中卷·基础篇(涉及圆)	2013—01	28.00	234
平面几何天天练下卷·提高篇	2013—01	58.00	237
平面几何专题研究	2013—07	98.00	258
最新世界各国数学奥林匹克中的平面几何试题	2007—09	38.00	14
数学竞赛平面几何典型题及新颖解	2010—07	48.00	74
初等数学复习及研究(平面几何)	2008—09	58.00	38
初等数学复习及研究(立体几何)	2010—06	38.00	71
初等数学复习及研究(平面几何)习题解答	2009—01	48.00	42
几何学教程(平面几何卷)	2011—03	68.00	90
几何学教程(立体几何卷)	2011—07	68.00	130
几何变换与几何证题	2010—06	88.00	70
计算方法与几何证题	2011—06	28.00	129
立体几何技巧与方法	2014—04	88.00	293
几何瑰宝——平面几何500名题暨1000条定理(上、下)	2010—07	138.00	76,77
三角形的解法与应用	2012—07	18.00	183
近代的三角形几何学	2012—07	48.00	184
一般折线几何学	2015—08	48.00	503
三角形的五心	2009—06	28.00	51
三角形的六心及其应用	2015—10	68.00	542
三角形趣谈	2012—08	28.00	212
解三角形	2014—01	28.00	265
三角学专门教程	2014—09	28.00	387
距离几何分析导引	2015—02	68.00	446
图天下几何新题试卷.初中	2017—01	58.00	714

哈尔滨工业大学出版社刘培杰数学工作室
已出版（即将出版）图书目录

书　　名	出版时间	定　价	编号
圆锥曲线习题集（上册）	2013—06	68.00	255
圆锥曲线习题集（中册）	2015—01	78.00	434
圆锥曲线习题集（下册·第1卷）	2016—10	78.00	683
论九点圆	2015—05	88.00	645
近代欧氏几何学	2012—03	48.00	162
罗巴切夫斯基几何学及几何基础概要	2012—07	28.00	188
罗巴切夫斯基几何学初步	2015—06	28.00	474
用三角、解析几何、复数、向量计算解数学竞赛几何题	2015—03	48.00	455
美国中学几何教程	2015—04	88.00	458
三线坐标与三角形特征点	2015—04	98.00	460
平面解析几何方法与研究（第1卷）	2015—05	18.00	471
平面解析几何方法与研究（第2卷）	2015—06	18.00	472
平面解析几何方法与研究（第3卷）	2015—07	18.00	473
解析几何研究	2015—01	38.00	425
解析几何学教程．上	2016—01	38.00	574
解析几何学教程．下	2016—01	38.00	575
几何学基础	2016—01	58.00	581
初等几何研究	2015—02	58.00	444
大学几何学	2017—01	78.00	688
关于曲面的一般研究	2016—11	48.00	690
十九和二十世纪欧氏几何学中的片段	2017—01	58.00	696
近世纯粹几何学初论	2017—01	58.00	711
拓扑学与几何学基础讲义	2017—04	58.00	756
物理学中的几何方法	2017—06	88.00	767
俄罗斯平面几何问题集	2009—08	88.00	55
俄罗斯立体几何问题集	2014—03	58.00	283
俄罗斯几何大师——沙雷金论数学及其他	2014—01	48.00	271
来自俄罗斯的5000道几何习题及解答	2011—03	58.00	89
俄罗斯初等数学问题集	2012—05	38.00	177
俄罗斯函数问题集	2011—03	38.00	103
俄罗斯组合分析问题集	2011—01	48.00	79
俄罗斯初等数学万题选——三角卷	2012—11	38.00	222
俄罗斯初等数学万题选——代数卷	2013—08	68.00	225
俄罗斯初等数学万题选——几何卷	2014—01	68.00	226
463个俄罗斯几何老问题	2012—01	28.00	152
超越吉米多维奇．数列的极限	2009—11	48.00	58
超越普里瓦洛夫．留数卷	2015—01	28.00	437
超越普里瓦洛夫．无穷乘积与它对解析函数的应用卷	2015—05	28.00	477
超越普里瓦洛夫．积分卷	2015—06	18.00	481
超越普里瓦洛夫．基础知识卷	2015—06	28.00	482
超越普里瓦洛夫．数项级数卷	2015—07	38.00	489
初等数论难题集（第一卷）	2009—05	68.00	44
初等数论难题集（第二卷）（上、下）	2011—02	128.00	82,83
数论概貌	2011—03	18.00	93
代数数论（第二版）	2013—08	58.00	94
代数多项式	2014—06	38.00	289
初等数论的知识与问题	2011—02	28.00	95
超越数论基础	2011—03	28.00	96
数论初等教程	2011—03	28.00	97
数论基础	2011—03	18.00	98
数论基础与维诺格拉多夫	2014—03	18.00	292

哈尔滨工业大学出版社刘培杰数学工作室
已出版(即将出版)图书目录

书　名	出版时间	定　价	编号
解析数论基础	2012—08	28.00	216
解析数论基础(第二版)	2014—01	48.00	287
解析数论问题集(第二版)(原版引进)	2014—05	88.00	343
解析数论问题集(第二版)(中译本)	2016—04	88.00	607
解析数论基础(潘承洞,潘承彪著)	2016—07	98.00	673
解析数论导引	2016—07	58.00	674
数论入门	2011—03	38.00	99
代数数论入门	2015—03	38.00	448
数论开篇	2012—07	28.00	194
解析数论引论	2011—03	48.00	100
Barban Davenport Halberstam 均值和	2009—01	40.00	33
基础数论	2011—03	28.00	101
初等数论 100 例	2011—05	18.00	122
初等数论经典例题	2012—07	18.00	204
最新世界各国数学奥林匹克中的初等数论试题(上、下)	2012—01	138.00	144,145
初等数论(Ⅰ)	2012—01	18.00	156
初等数论(Ⅱ)	2012—01	18.00	157
初等数论(Ⅲ)	2012—01	28.00	158
平面几何与数论中未解决的新老问题	2013—01	68.00	229
代数数论简史	2014—11	28.00	408
代数数论	2015—09	88.00	532
代数、数论及分析习题集	2016—11	98.00	695
数论导引提要及习题解答	2016—01	48.00	559
素数定理的初等证明. 第 2 版	2016—09	48.00	686

谈谈素数	2011—03	18.00	91
平方和	2011—03	18.00	92
复变函数引论	2013—10	68.00	269
伸缩变换与抛物旋转	2015—01	38.00	449
无穷分析引论(上)	2013—04	88.00	247
无穷分析引论(下)	2013—04	98.00	245
数学分析	2014—04	28.00	338
数学分析中的一个新方法及其应用	2013—01	38.00	231
数学分析例选:通过范例学技巧	2013—01	88.00	243
高等代数例选:通过范例学技巧	2015—06	88.00	475
三角级数论(上册)(陈建功)	2013—01	38.00	232
三角级数论(下册)(陈建功)	2013—01	48.00	233
三角级数论(哈代)	2013—06	48.00	254
三角级数	2015—07	28.00	263
超越数	2011—03	18.00	109
三角和方法	2011—03	18.00	112
整数论	2011—05	38.00	120
从整数谈起	2015—10	28.00	538
随机过程(Ⅰ)	2014—01	78.00	224
随机过程(Ⅱ)	2014—01	68.00	235
算术探索	2011—12	158.00	148
组合数学	2012—04	28.00	178
组合数学浅谈	2012—03	28.00	159
丢番图方程引论	2012—03	48.00	172
拉普拉斯变换及其应用	2015—02	38.00	447
高等代数. 上	2016—01	38.00	548
高等代数. 下	2016—01	38.00	549

哈尔滨工业大学出版社刘培杰数学工作室
已出版(即将出版)图书目录

书　　名	出版时间	定　价	编号
高等代数教程	2016—01	58.00	579
数学解析教程．上卷．1	2016—01	58.00	546
数学解析教程．上卷．2	2016—01	38.00	553
数学解析教程．下卷．1	2017—04	48.00	781
数学解析教程．下卷．2	即将出版		782
函数构造论．上	2016—01	38.00	554
函数构造论．中	即将出版		555
函数构造论．下	2016—09	48.00	680
数与多项式	2016—01	38.00	558
概周期函数	2016—01	48.00	572
变叙的项的极限分布律	2016—01	18.00	573
整函数	2012—08	18.00	161
近代拓扑学研究	2013—04	38.00	239
多项式和无理数	2008—01	68.00	22
模糊数据统计学	2008—03	48.00	31
模糊分析学与特殊泛函空间	2013—01	68.00	241
谈谈不定方程	2011—05	28.00	119
常微分方程	2016—01	58.00	586
平稳随机函数导论	2016—03	48.00	587
量子力学原理·上	2016—01	38.00	588
图与矩阵	2014—08	40.00	644
钢丝绳原理：第二版	2017—01	78.00	745
受控理论与解析不等式	2012—05	78.00	165
解析不等式新论	2009—06	68.00	48
建立不等式的方法	2011—03	98.00	104
数学奥林匹克不等式研究	2009—08	68.00	56
不等式研究(第二辑)	2012—02	68.00	153
不等式的秘密(第一卷)	2012—02	28.00	154
不等式的秘密(第一卷)(第2版)	2014—02	38.00	286
不等式的秘密(第二卷)	2014—01	38.00	268
初等不等式的证明方法	2010—06	38.00	123
初等不等式的证明方法(第二版)	2014—11	38.00	407
不等式·理论·方法(基础卷)	2015—07	38.00	496
不等式·理论·方法(经典不等式卷)	2015—07	38.00	497
不等式·理论·方法(特殊类型不等式卷)	2015—07	48.00	498
不等式的分拆降维降幂方法与可读证明	2016—01	68.00	591
不等式探究	2016—03	38.00	582
不等式探密	2017—01	58.00	689
四面体不等式	2017—01	68.00	715
同余理论	2012—05	38.00	163
[x]与{x}	2015—04	48.00	476
极值与最值．上卷	2015—06	28.00	486
极值与最值．中卷	2015—06	38.00	487
极值与最值．下卷	2015—06	28.00	488
整数的性质	2012—11	38.00	192
完全平方数及其应用	2015—08	78.00	506
多项式理论	2015—10	88.00	541

哈尔滨工业大学出版社刘培杰数学工作室
已出版(即将出版)图书目录

书 名	出版时间	定 价	编号
历届美国中学生数学竞赛试题及解答(第一卷)1950—1954	2014—07	18.00	277
历届美国中学生数学竞赛试题及解答(第二卷)1955—1959	2014—04	18.00	278
历届美国中学生数学竞赛试题及解答(第三卷)1960—1964	2014—06	18.00	279
历届美国中学生数学竞赛试题及解答(第四卷)1965—1969	2014—04	28.00	280
历届美国中学生数学竞赛试题及解答(第五卷)1970—1972	2014—06	18.00	281
历届美国中学生数学竞赛试题及解答(第七卷)1981—1986	2015—01	18.00	424
历届美国中学生数学竞赛试题及解答(第八卷)1987—1990	2017—05	18.00	769
历届IMO试题集(1959—2005)	2006—05	58.00	5
历届CMO试题集	2008—09	28.00	40
历届中国数学奥林匹克试题集(第2版)	2017—03	38.00	757
历届加拿大数学奥林匹克试题集	2012—08	38.00	215
历届美国数学奥林匹克试题集:多解推广加强	2012—08	38.00	209
历届美国数学奥林匹克试题集:多解推广加强(第2版)	2016—03	48.00	592
历届波兰数学竞赛试题集.第1卷,1949~1963	2015—03	18.00	453
历届波兰数学竞赛试题集.第2卷,1964~1976	2015—03	18.00	454
历届巴尔干数学奥林匹克试题集	2015—05	38.00	466
保加利亚数学奥林匹克	2014—10	38.00	393
圣彼得堡数学奥林匹克试题集	2015—01	38.00	429
匈牙利奥林匹克数学竞赛题解.第1卷	2016—05	28.00	593
匈牙利奥林匹克数学竞赛题解.第2卷	2016—05	28.00	594
超越普特南试题:大学数学竞赛中的方法与技巧	2017—04	98.00	758
历届国际大学生数学竞赛试题集(1994—2010)	2012—01	28.00	143
全国大学生数学夏令营数学竞赛试题及解答	2007—03	28.00	15
全国大学生数学竞赛辅导教程	2012—07	28.00	189
全国大学生数学竞赛复习全书	2014—04	48.00	340
历届美国数学竞赛试题集	2009—03	88.00	43
前苏联大学生数学奥林匹克竞赛题解(上编)	2012—04	28.00	169
前苏联大学生数学奥林匹克竞赛题解(下编)	2012—04	38.00	170
历届美国数学邀请赛试题集	2014—01	48.00	270
全国高中数学竞赛试题及解答.第1卷	2014—07	38.00	331
大学生数学竞赛讲义	2014—09	28.00	371
普林斯顿大学数学竞赛	2016—06	38.00	669
亚太地区数学奥林匹克竞赛题	2015—07	18.00	492
日本历届(初级)广中杯数学竞赛试题及解答.第1卷(2000~2007)	2016—05	28.00	641
日本历届(初级)广中杯数学竞赛试题及解答.第2卷(2008~2015)	2016—05	38.00	642
360个数学竞赛问题	2016—08	58.00	677
奥数最佳实战题.上卷	即将出版		760
奥数最佳实战题.下卷	2017—05	58.00	761
哈尔滨市早期中学数学竞赛试题汇编	2016—07	28.00	672
全国高中数学联赛试题及解答:1981—2015	2016—08	98.00	676
高考数学临门一脚(含密押三套卷)(理科版)	2017—01	45.00	743
高考数学临门一脚(含密押三套卷)(文科版)	2017—01	45.00	744
新课标高考数学题型全归纳(文科版)	2015—05	72.00	467
新课标高考数学题型全归纳(理科版)	2015—05	82.00	468
洞穿高考数学解答题核心考点(理科版)	2015—11	49.80	550
洞穿高考数学解答题核心考点(文科版)	2015—11	46.80	551
高考数学题型全归纳:文科版.上	2016—05	53.00	663
高考数学题型全归纳:文科版.下	2016—05	53.00	664
高考数学题型全归纳:理科版.上	2016—05	58.00	665
高考数学题型全归纳:理科版.下	2016—05	58.00	666

哈尔滨工业大学出版社刘培杰数学工作室
已出版(即将出版)图书目录

书　名	出版时间	定　价	编号
王连笑教你怎样学数学:高考选择题解题策略与客观题实用训练	2014－01	48.00	262
王连笑教你怎样学数学:高考数学高层次讲座	2015－02	48.00	432
高考数学的理论与实践	2009－08	38.00	53
高考数学核心题型解题方法与技巧	2010－01	28.00	86
高考思维新平台	2014－03	38.00	259
30分钟拿下高考数学选择题、填空题(理科版)	2016－10	39.80	720
30分钟拿下高考数学选择题、填空题(文科版)	2016－10	39.80	721
高考数学压轴题解题诀窍(上)	2012－02	78.00	166
高考数学压轴题解题诀窍(下)	2012－03	28.00	167
北京市五区文科数学三年高考模拟题详解:2013～2015	2015－08	48.00	500
北京市五区理科数学三年高考模拟题详解:2013～2015	2015－09	68.00	505
向量法巧解数学高考题	2009－08	28.00	54
高考数学万能解题法(第2版)	即将出版	38.00	691
高考物理万能解题法(第2版)	即将出版	38.00	692
高考化学万能解题法(第2版)	即将出版	28.00	693
高考生物万能解题法(第2版)	即将出版	28.00	694
高考数学解题金典(第2版)	2017－01	78.00	716
高考物理解题金典(第2版)	即将出版	68.00	717
高考化学解题金典(第2版)	即将出版	58.00	718
我一定要赚分:高中物理	2016－01	38.00	580
数学高考参考	2016－01	78.00	589
2011～2015年全国及各省市高考数学文科精品试题审题要津与解法研究	2015－10	68.00	539
2011～2015年全国及各省市高考数学理科精品试题审题要津与解法研究	2015－10	88.00	540
最新全国及各省市高考数学试卷解法研究及点拨评析	2009－02	38.00	41
2011年全国及各省市高考数学试题审题要津与解法研究	2011－10	48.00	139
2013年全国及各省市高考数学试题解析与点评	2014－01	48.00	282
全国及各省市高考数学试题审题要津与解法研究	2015－02	48.00	450
新课标高考数学——五年试题分章详解(2007～2011)(上、下)	2011－10	78.00	140,141
全国中考数学压轴题审题要津与解法研究	2013－04	78.00	248
新编全国及各省市中考数学压轴题审题要津与解法研究	2014－05	58.00	342
全国及各省市5年中考数学压轴题审题要津与解法研究(2015版)	2015－04	58.00	462
中考数学专题总复习	2007－04	28.00	6
中考数学较难题、难题常考题型解题方法与技巧.上	2016－01	48.00	584
中考数学较难题、难题常考题型解题方法与技巧.下	2016－01	58.00	585
中考数学较难题常考题型解题方法与技巧	2016－09	48.00	681
中考数学难题常考题型解题方法与技巧	2016－09	48.00	682
中考数学选择填空压轴好题妙解365	2017－05	38.00	759
北京中考数学压轴题解题方法突破(第2版)	2017－05	48.00	753
助你高考成功的数学解题智慧:知识是智慧的基础	2016－01	58.00	596
助你高考成功的数学解题智慧:错误是智慧的试金石	2016－04	58.00	643
助你高考成功的数学解题智慧:方法是智慧的推手	2016－04	68.00	657
高考数学奇思妙解	2016－04	38.00	610
高考数学解题策略	2016－05	48.00	670
数学解题泄天机	2016－04	48.00	668
高考物理压轴题全解	2017－04	48.00	746
高中物理经典问题25讲	2017－05	28.00	764
2016年高考文科数学真题研究	2017－04	58.00	754
2016年高考理科数学真题研究	2017－04	78.00	755
初中数学、高中数学脱节知识补缺教材	2017－06	48.00	766

哈尔滨工业大学出版社刘培杰数学工作室
已出版(即将出版)图书目录

书　　名	出版时间	定　价	编号
新编640个世界著名数学智力趣题	2014—01	88.00	242
500个最新世界著名数学智力趣题	2008—06	48.00	3
400个最新世界著名数学最值问题	2008—09	48.00	36
500个世界著名数学征解问题	2009—06	48.00	52
400个中国最佳初等数学征解老问题	2010—01	48.00	60
500个俄罗斯数学经典老题	2011—01	28.00	81
1000个国外中学物理好题	2012—04	48.00	174
300个日本高考数学题	2012—05	38.00	142
700个早期日本高考数学试题	2017—02	88.00	752
500个前苏联早期高考数学试题及解答	2012—05	28.00	185
546个早期俄罗斯大学生数学竞赛题	2014—03	38.00	285
548个来自美苏的数学好问题	2014—11	28.00	396
20所苏联著名大学早期入学试题	2015—02	18.00	452
161道德国工科大学生必做的微分方程习题	2015—05	28.00	469
500个德国工科大学生必做的高数习题	2015—05	28.00	478
360个数学竞赛问题	2016—08	58.00	677
德国讲义日本考题.微积分卷	2015—04	48.00	456
德国讲义日本考题.微分方程卷	2015—04	38.00	457
中国初等数学研究　2009卷(第1辑)	2009—05	20.00	45
中国初等数学研究　2010卷(第2辑)	2010—05	30.00	68
中国初等数学研究　2011卷(第3辑)	2011—07	60.00	127
中国初等数学研究　2012卷(第4辑)	2012—07	48.00	190
中国初等数学研究　2014卷(第5辑)	2014—02	48.00	288
中国初等数学研究　2015卷(第6辑)	2015—06	68.00	493
中国初等数学研究　2016卷(第7辑)	2016—04	68.00	609
中国初等数学研究　2017卷(第8辑)	2017—01	98.00	712
几何变换(Ⅰ)	2014—07	28.00	353
几何变换(Ⅱ)	2015—06	28.00	354
几何变换(Ⅲ)	2015—01	38.00	355
几何变换(Ⅳ)	2015—12	38.00	356
博弈论精粹	2008—03	58.00	30
博弈论精粹.第二版(精装)	2015—01	88.00	461
数学 我爱你	2008—01	28.00	20
精神的圣徒　别样的人生——60位中国数学家成长的历程	2008—09	48.00	39
数学史概论	2009—06	78.00	50
数学史概论(精装)	2013—03	158.00	272
数学史选讲	2016—01	48.00	544
斐波那契数列	2010—02	28.00	65
数学拼盘和斐波那契魔方	2010—07	38.00	72
斐波那契数列欣赏	2011—01	28.00	160
数学的创造	2011—02	48.00	85
数学美与创造力	2016—01	48.00	595
数海拾贝	2016—01	48.00	590
数学中的美	2011—02	38.00	84
数论中的美学	2014—12	38.00	351
数学王者　科学巨人——高斯	2015—01	28.00	428
振兴祖国数学的圆梦之旅:中国初等数学研究史话	2015—06	98.00	490
二十世纪中国数学史料研究	2015—10	48.00	536
数字谜、数阵图与棋盘覆盖	2016—01	58.00	298
时间的形状	2016—01	38.00	556
数学发现的艺术:数学探索中的合情推理	2016—07	58.00	671
活跃在数学中的参数	2016—07	48.00	675

哈尔滨工业大学出版社刘培杰数学工作室
已出版（即将出版）图书目录

书　名	出版时间	定价	编号
数学解题——靠数学思想给力（上）	2011—07	38.00	131
数学解题——靠数学思想给力（中）	2011—07	48.00	132
数学解题——靠数学思想给力（下）	2011—07	38.00	133
我怎样解题	2013—01	48.00	227
数学解题中的物理方法	2011—06	28.00	114
数学解题的特殊方法	2011—06	48.00	115
中学数学计算技巧	2012—01	48.00	116
中学数学证明方法	2012—01	58.00	117
数学趣题巧解	2012—03	28.00	128
高中数学教学通鉴	2015—05	58.00	479
和高中生漫谈：数学与哲学的故事	2014—08	28.00	369
自主招生考试中的参数方程问题	2015—01	28.00	435
自主招生考试中的极坐标问题	2015—04	28.00	463
近年全国重点大学自主招生数学试题全解及研究.华约卷	2015—05	38.00	441
近年全国重点大学自主招生数学试题全解及研究.北约卷	2016—05	38.00	619
自主招生数学解证宝典	2015—09	48.00	535
格点和面积	2012—07	18.00	191
射影几何趣谈	2012—04	28.00	175
斯潘纳尔引理——从一道加拿大数学奥林匹克试题谈起	2014—01	28.00	228
李普希兹条件——从几道近年高考数学试题谈起	2012—10	18.00	221
拉格朗日中值定理——从一道北京高考试题的解法谈起	2015—10	18.00	197
闵科夫斯基定理——从一道清华大学自主招生试题谈起	2014—01	28.00	198
哈尔测度——从一道冬令营试题的背景谈起	2012—08	28.00	202
切比雪夫逼近问题——从一道中国台北数学奥林匹克试题谈起	2013—04	38.00	238
伯恩斯坦多项式与贝齐尔曲面——从一道全国高中数学联赛试题谈起	2013—03	38.00	236
卡塔兰猜想——从一道普特南竞赛试题谈起	2013—06	18.00	256
麦卡锡函数和阿克曼函数——从一道前南斯拉夫数学奥林匹克试题谈起	2012—08	18.00	201
贝蒂定理与拉姆贝克莫斯尔定理——从一个捡石子游戏谈起	2012—08	18.00	217
皮亚诺曲线和豪斯道夫分球定理——从无限集谈起	2012—08	18.00	211
平面凸图形与凸多面体	2012—10	28.00	218
斯坦因豪斯问题——从一道二十五省市自治区中学数学竞赛试题谈起	2012—07	18.00	196
纽结理论中的亚历山大多项式与琼斯多项式——从一道北京市高一数学竞赛试题谈起	2012—07	28.00	195
原则与策略——从波利亚"解题表"谈起	2013—04	38.00	244
转化与化归——从三大尺规作图不能问题谈起	2012—08	28.00	214
代数几何中的贝祖定理（第一版）——从一道IMO试题的解法谈起	2013—08	18.00	193
成功连贯理论与约当块理论——从一道比利时数学竞赛试题谈起	2012—04	18.00	180
素数判定与大数分解	2014—08	18.00	199
置换多项式及其应用	2012—10	18.00	220
椭圆函数与模函数——从一道美国加州大学洛杉矶分校（UCLA）博士资格考题谈起	2012—10	28.00	219
差分方程的拉格朗日方法——从一道2011年全国高考理科试题的解法谈起	2012—08	28.00	200

哈尔滨工业大学出版社刘培杰数学工作室
已出版（即将出版）图书目录

书　名	出版时间	定　价	编号
力学在几何中的一些应用	2013—01	38.00	240
高斯散度定理、斯托克斯定理和平面格林定理——从一道国际大学生数学竞赛试题谈起	即将出版		
康托洛维奇不等式——从一道全国高中联赛试题谈起	2013—03	28.00	337
西格尔引理——从一道第18届IMO试题的解法谈起	即将出版		
罗斯定理——从一道前苏联数学竞赛试题谈起	即将出版		
拉克斯定理和阿廷定理——从一道IMO试题的解法谈起	2014—01	58.00	246
毕卡大定理——从一道美国大学数学竞赛试题谈起	2014—07	18.00	350
贝齐尔曲线——从一道全国高中联赛试题谈起	即将出版		
拉格朗日乘子定理——从一道2005年全国高中联赛试题的高等数学解法谈起	2015—05	28.00	480
雅可比定理——从一道日本数学奥林匹克试题谈起	2013—04	48.00	249
李天岩—约克定理——从一道波兰数学竞赛试题谈起	2014—06	28.00	349
整系数多项式因式分解的一般方法——从克朗耐克算法谈起	即将出版		
布劳维不动点定理——从一道前苏联数学奥林匹克试题谈起	2014—01	38.00	273
伯恩赛德定理——从一道英国数学奥林匹克试题谈起	即将出版		
布查特—莫斯特定理——从一道上海市初中竞赛试题谈起	即将出版		
数论中的同余数问题——从一道普特南竞赛试题谈起	即将出版		
范·德蒙行列式——从一道美国数学奥林匹克试题谈起	即将出版		
中国剩余定理:总数法构建中国历史年表	2015—01	28.00	430
牛顿程序与方程求根——从一道全国高考试题解法谈起	即将出版		
库默尔定理——从一道IMO预选试题谈起	即将出版		
卢丁定理——从一道冬令营试题的解法谈起	即将出版		
沃斯滕霍姆定理——从一道IMO预选试题谈起	即将出版		
卡尔松不等式——从一道莫斯科数学奥林匹克试题谈起	即将出版		
信息论中的香农熵——从一道近年高考压轴题谈起	即将出版		
约当不等式——从一道希望杯竞赛试题谈起	即将出版		
拉比诺维奇定理	即将出版		
刘维尔定理——从一道《美国数学月刊》征解问题的解法谈起	即将出版		
卡塔兰恒等式与级数求和——从一道IMO试题的解法谈起	即将出版		
勒让德猜想与素数分布——从一道爱尔兰竞赛试题谈起	即将出版		
天平称重与信息论——从一道基辅市数学奥林匹克试题谈起	即将出版		
哈密尔顿—凯莱定理:从一道高中数学联赛试题的解法谈起	2014—09	18.00	376
艾思特曼定理——从一道CMO试题的解法谈起	即将出版		
一个爱尔特希问题——从一道西德数学奥林匹克试题谈起	即将出版		
有限群中的爱丁格尔问题——从一道北京市初中二年级数学竞赛试题谈起	即将出版		
贝克码与编码理论——从一道全国高中联赛试题谈起	即将出版		
帕斯卡三角形	2014—03	18.00	294
蒲丰投针问题——从2009年清华大学的一道自主招生试题谈起	2014—01	38.00	295
斯图姆定理——从一道"华约"自主招生试题的解法谈起	2014—01	18.00	296
许瓦兹引理——从一道加利福尼亚大学伯克利分校数学系博士生试题谈起	2014—08	18.00	297
拉姆塞定理——从王诗宬院士的一个问题谈起	2016—04	48.00	299
坐标法	2013—12	28.00	332
数论三角形	2014—04	38.00	341
毕克定理	2014—07	18.00	352
数林掠影	2014—09	48.00	389
我们周围的概率	2014—10	38.00	390
凸函数最值定理:从一道华约自主招生题的解法谈起	2014—10	28.00	391
易学与数学奥林匹克	2014—10	38.00	392

哈尔滨工业大学出版社刘培杰数学工作室
已出版（即将出版）图书目录

书　　名	出版时间	定　价	编号
生物数学趣谈	2015—01	18.00	409
反演	2015—01	28.00	420
因式分解与圆锥曲线	2015—01	18.00	426
轨迹	2015—01	28.00	427
面积原理：从常庚哲命的一道 CMO 试题的积分解法谈起	2015—01	48.00	431
形形色色的不动点定理：从一道 28 届 IMO 试题谈起	2015—01	38.00	439
柯西函数方程：从一道上海交大自主招生的试题谈起	2015—02	28.00	440
三角恒等式	2015—02	28.00	442
无理性判定：从一道 2014 年"北约"自主招生试题谈起	2015—01	38.00	443
数学归纳法	2015—03	18.00	451
极端原理与解题	2015—04	28.00	464
法雷级数	2014—08	18.00	367
摆线族	2015—01	38.00	438
函数方程及其解法	2015—05	38.00	470
含参数的方程和不等式	2012—09	28.00	213
希尔伯特第十问题	2016—01	38.00	543
无穷小量的求和	2016—01	28.00	545
切比雪夫多项式：从一道清华大学金秋营试题谈起	2016—01	38.00	583
泽肯多夫定理	2016—03	38.00	599
代数等式证题法	2016—01	28.00	600
三角等式证题法	2016—01	28.00	601
吴大任教授藏书中的一个因式分解公式：从一道美国数学邀请赛试题的解法谈起	2016—06	28.00	656
中等数学英语阅读文选	2006—12	38.00	13
统计学专业英语	2007—03	28.00	16
统计学专业英语（第二版）	2012—07	48.00	176
统计学专业英语（第三版）	2015—04	68.00	465
幻方和魔方（第一卷）	2012—05	68.00	173
尘封的经典——初等数学经典文献选读（第一卷）	2012—07	48.00	205
尘封的经典——初等数学经典文献选读（第二卷）	2012—07	38.00	206
代换分析：英文	2015—07	38.00	499
实变函数论	2012—06	78.00	181
复变函数论	2015—08	38.00	504
非光滑优化及其变分分析	2014—01	48.00	230
疏散的马尔科夫链	2014—01	58.00	266
马尔科夫过程论基础	2015—01	28.00	433
初等微分拓扑学	2012—07	18.00	182
方程式论	2011—03	38.00	105
初级方程式论	2011—03	28.00	106
Galois 理论	2011—03	18.00	107
古典数学难题与伽罗瓦理论	2012—11	58.00	223
伽罗华与群论	2014—01	28.00	290
代数方程的根式解及伽罗瓦理论	2011—03	28.00	108
代数方程的根式解及伽罗瓦理论（第二版）	2015—01	28.00	423
线性偏微分方程讲义	2011—03	18.00	110
几类微分方程数值方法的研究	2015—05	38.00	485
N 体问题的周期解	2011—03	28.00	111
代数方程式论	2011—05	18.00	121
线性代数与几何：英文	2016—06	58.00	578
动力系统的不变量与函数方程	2011—07	48.00	137
基于短语评价的翻译知识获取	2012—02	48.00	168
应用随机过程	2012—04	48.00	187
概率论导引	2012—04	18.00	179

哈尔滨工业大学出版社刘培杰数学工作室
已出版(即将出版)图书目录

书　名	出版时间	定　价	编号
矩阵论(上)	2013—06	58.00	250
矩阵论(下)	2013—06	48.00	251
对称锥互补问题的内点法:理论分析与算法实现	2014—08	68.00	368
抽象代数:方法导引	2013—06	38.00	257
集论	2016—01	48.00	576
多项式理论研究综述	2016—01	38.00	577
函数论	2014—11	78.00	395
反问题的计算方法及应用	2011—11	28.00	147
初等数学研究(Ⅰ)	2008—09	68.00	37
初等数学研究(Ⅱ)(上、下)	2009—05	118.00	46,47
数阵及其应用	2012—02	28.00	164
绝对值方程—折边与组合图形的解析研究	2012—07	48.00	186
代数函数论(上)	2015—07	38.00	494
代数函数论(下)	2015—07	38.00	495
偏微分方程论:法文	2015—10	48.00	533
时标动力学方程的指数型二分性与周期解	2016—04	48.00	606
重刚体绕不动点运动方程的积分法	2016—05	68.00	608
水轮机水力稳定性	2016—05	48.00	620
Lévy 噪音驱动的传染病模型的动力学行为	2016—05	48.00	667
铣加工动力学系统稳定性研究的数学方法	2016—11	28.00	710
趣味初等方程妙题集锦	2014—09	48.00	388
趣味初等数论选美与欣赏	2015—02	48.00	445
耕读笔记(上卷):一位农民数学爱好者的初数探索	2015—05	28.00	459
耕读笔记(中卷):一位农民数学爱好者的初数探索	2015—05	28.00	483
耕读笔记(下卷):一位农民数学爱好者的初数探索	2015—05	28.00	484
几何不等式研究与欣赏·上卷	2016—01	88.00	547
几何不等式研究与欣赏·下卷	2016—01	48.00	552
初等数列研究与欣赏·上	2016—01	48.00	570
初等数列研究与欣赏·下	2016—01	48.00	571
趣味初等函数研究与欣赏.上	2016—09	48.00	684
趣味初等函数研究与欣赏.下	即将出版		685
火柴游戏	2016—05	38.00	612
异曲同工	即将出版		613
智力解谜	即将出版		614
故事智力	2016—07	48.00	615
名人们喜欢的智力问题	即将出版		616
数学大师的发现、创造与失误	即将出版		617
数学的味道	即将出版		618
数贝偶拾——高考数学题研究	2014—04	28.00	274
数贝偶拾——初等数学研究	2014—04	38.00	275
数贝偶拾——奥数题研究	2014—04	48.00	276
集合、函数与方程	2014—01	28.00	300
数列与不等式	2014—01	38.00	301
三角与平面向量	2014—01	28.00	302
平面解析几何	2014—01	38.00	303
立体几何与组合	2014—01	28.00	304
极限与导数、数学归纳法	2014—01	38.00	305
趣味数学	2014—03	28.00	306
教材教法	2014—04	68.00	307
自主招生	2014—05	58.00	308
高考压轴题(上)	2015—01	48.00	309
高考压轴题(下)	2014—10	68.00	310

哈尔滨工业大学出版社刘培杰数学工作室
已出版(即将出版)图书目录

书　名	出版时间	定　价	编号
从费马到怀尔斯——费马大定理的历史	2013—10	198.00	I
从庞加莱到佩雷尔曼——庞加莱猜想的历史	2013—10	298.00	II
从切比雪夫到爱尔特希(上)——素数定理的初等证明	2013—07	48.00	III
从切比雪夫到爱尔特希(下)——素数定理100年	2012—12	98.00	III
从高斯到盖尔方特——二次域的高斯猜想	2013—10	198.00	IV
从库默尔到朗兰兹——朗兰兹猜想的历史	2014—01	98.00	V
从比勃巴赫到德布朗斯——比勃巴赫猜想的历史	2014—02	298.00	VI
从麦比乌斯到陈省身——麦比乌斯变换与麦比乌斯带	2014—02	298.00	VII
从布尔到豪斯道夫——布尔方程与格论漫谈	2013—10	198.00	VIII
从开普勒到阿诺德——三体问题的历史	2014—05	298.00	IX
从华林到华罗庚——华林问题的历史	2013—10	298.00	X
吴振奎高等数学解题真经(概率统计卷)	2012—01	38.00	149
吴振奎高等数学解题真经(微积分卷)	2012—01	68.00	150
吴振奎高等数学解题真经(线性代数卷)	2012—01	58.00	151
钱昌本教你快乐学数学(上)	2011—12	48.00	155
钱昌本教你快乐学数学(下)	2012—03	58.00	171
高等数学解题全攻略(上卷)	2013—06	58.00	252
高等数学解题全攻略(下卷)	2013—06	58.00	253
高等数学复习纲要	2014—01	18.00	384
三角函数	2014—01	38.00	311
不等式	2014—01	38.00	312
数列	2014—01	38.00	313
方程	2014—01	28.00	314
排列和组合	2014—01	28.00	315
极限与导数	2014—01	28.00	316
向量	2014—09	38.00	317
复数及其应用	2014—08	28.00	318
函数	2014—01	38.00	319
集合	即将出版		320
直线与平面	2014—01	28.00	321
立体几何	2014—04	28.00	322
解三角形	即将出版		323
直线与圆	2014—01	28.00	324
圆锥曲线	2014—01	38.00	325
解题通法(一)	2014—07	38.00	326
解题通法(二)	2014—07	38.00	327
解题通法(三)	2014—05	38.00	328
概率与统计	2014—01	28.00	329
信息迁移与算法	即将出版		330
方程(第2版)	2017—04	38.00	624
三角函数(第2版)	2017—04	38.00	626
向量(第2版)	即将出版		627
立体几何(第2版)	2016—04	38.00	629
直线与圆(第2版)	2016—11	38.00	631
圆锥曲线(第2版)	2016—09	48.00	632
极限与导数(第2版)	2016—04	38.00	635

哈尔滨工业大学出版社刘培杰数学工作室
已出版(即将出版)图书目录

书　名	出版时间	定价	编号
美国高中数学竞赛五十讲.第1卷(英文)	2014—08	28.00	357
美国高中数学竞赛五十讲.第2卷(英文)	2014—08	28.00	358
美国高中数学竞赛五十讲.第3卷(英文)	2014—09	28.00	359
美国高中数学竞赛五十讲.第4卷(英文)	2014—09	28.00	360
美国高中数学竞赛五十讲.第5卷(英文)	2014—10	28.00	361
美国高中数学竞赛五十讲.第6卷(英文)	2014—11	28.00	362
美国高中数学竞赛五十讲.第7卷(英文)	2014—12	28.00	363
美国高中数学竞赛五十讲.第8卷(英文)	2015—01	28.00	364
美国高中数学竞赛五十讲.第9卷(英文)	2015—01	28.00	365
美国高中数学竞赛五十讲.第10卷(英文)	2015—02	38.00	366
IMO 50年.第1卷(1959—1963)	2014—11	28.00	377
IMO 50年.第2卷(1964—1968)	2014—11	28.00	378
IMO 50年.第3卷(1969—1973)	2014—09	28.00	379
IMO 50年.第4卷(1974—1978)	2016—04	38.00	380
IMO 50年.第5卷(1979—1984)	2015—04	38.00	381
IMO 50年.第6卷(1985—1989)	2015—04	58.00	382
IMO 50年.第7卷(1990—1994)	2016—01	48.00	383
IMO 50年.第8卷(1995—1999)	2016—06	38.00	384
IMO 50年.第9卷(2000—2004)	2015—04	58.00	385
IMO 50年.第10卷(2005—2009)	2016—01	48.00	386
IMO 50年.第11卷(2010—2015)	2017—03	48.00	646
历届美国大学生数学竞赛试题集.第一卷(1938—1949)	2015—01	28.00	397
历届美国大学生数学竞赛试题集.第二卷(1950—1959)	2015—01	28.00	398
历届美国大学生数学竞赛试题集.第三卷(1960—1969)	2015—01	28.00	399
历届美国大学生数学竞赛试题集.第四卷(1970—1979)	2015—01	18.00	400
历届美国大学生数学竞赛试题集.第五卷(1980—1989)	2015—01	28.00	401
历届美国大学生数学竞赛试题集.第六卷(1990—1999)	2015—01	28.00	402
历届美国大学生数学竞赛试题集.第七卷(2000—2009)	2015—08	18.00	403
历届美国大学生数学竞赛试题集.第八卷(2010—2012)	2015—01	18.00	404
新课标高考数学创新题解题诀窍:总论	2014—09	28.00	372
新课标高考数学创新题解题诀窍:必修1~5分册	2014—08	38.00	373
新课标高考数学创新题解题诀窍:选修2—1,2—2,1—1,1—2分册	2014—09	38.00	374
新课标高考数学创新题解题诀窍:选修2—3,4—4,4—5分册	2014—09	18.00	375
全国重点大学自主招生英文数学试题全攻略:词汇卷	2015—07	48.00	410
全国重点大学自主招生英文数学试题全攻略:概念卷	2015—01	28.00	411
全国重点大学自主招生英文数学试题全攻略:文章选读卷(上)	2016—09	38.00	412
全国重点大学自主招生英文数学试题全攻略:文章选读卷(下)	2017—01	58.00	413
全国重点大学自主招生英文数学试题全攻略:试题卷	2015—07	38.00	414
全国重点大学自主招生英文数学试题全攻略:名著欣赏卷	2017—03	48.00	415
数学物理大百科全书.第1卷	2016—01	418.00	508
数学物理大百科全书.第2卷	2016—01	408.00	509
数学物理大百科全书.第3卷	2016—01	396.00	510
数学物理大百科全书.第4卷	2016—01	408.00	511
数学物理大百科全书.第5卷	2016—01	368.00	512

哈尔滨工业大学出版社刘培杰数学工作室已出版(即将出版)图书目录

书 名	出版时间	定价	编号
劳埃德数学趣题大全.题目卷.1:英文	2016—01	18.00	516
劳埃德数学趣题大全.题目卷.2:英文	2016—01	18.00	517
劳埃德数学趣题大全.题目卷.3:英文	2016—01	18.00	518
劳埃德数学趣题大全.题目卷.4:英文	2016—01	18.00	519
劳埃德数学趣题大全.题目卷.5:英文	2016—01	18.00	520
劳埃德数学趣题大全.答案卷:英文	2016—01	18.00	521
李成章教练奥数笔记.第1卷	2016—01	48.00	522
李成章教练奥数笔记.第2卷	2016—01	48.00	523
李成章教练奥数笔记.第3卷	2016—01	38.00	524
李成章教练奥数笔记.第4卷	2016—01	38.00	525
李成章教练奥数笔记.第5卷	2016—01	38.00	526
李成章教练奥数笔记.第6卷	2016—01	38.00	527
李成章教练奥数笔记.第7卷	2016—01	38.00	528
李成章教练奥数笔记.第8卷	2016—01	48.00	529
李成章教练奥数笔记.第9卷	2016—01	28.00	530
朱德祥代数与几何讲义.第1卷	2017—01	38.00	697
朱德祥代数与几何讲义.第2卷	2017—01	28.00	698
朱德祥代数与几何讲义.第3卷	2017—01	28.00	699
zeta函数,q-zeta函数,相伴级数与积分	2015—08	88.00	513
微分形式:理论与练习	2015—08	58.00	514
离散与微分包含的逼近和优化	2015—08	58.00	515
艾伦·图灵:他的工作与影响	2016—01	98.00	560
测度理论概率导论,第2版	2016—01	88.00	561
带有潜在故障恢复系统的半马尔柯夫模型控制	2016—01	98.00	562
数学分析原理	2016—01	88.00	563
随机偏微分方程的有效动力学	2016—01	88.00	564
图的谱半径	2016—01	58.00	565
量子机器学习中数据挖掘的量子计算方法	2016—01	98.00	566
量子物理的非常规方法	2016—01	118.00	567
运输过程的统一非局部理论:广义波尔兹曼物理动力学,第2版	2016—01	198.00	568
量子力学与经典力学之间的联系在原子、分子及电动力学系统建模中的应用	2016—01	58.00	569
第19~23届"希望杯"全国数学邀请赛试题审题要津详细评注(初一版)	2014—03	28.00	333
第19~23届"希望杯"全国数学邀请赛试题审题要津详细评注(初二、初三版)	2014—03	38.00	334
第19~23届"希望杯"全国数学邀请赛试题审题要津详细评注(高一版)	2014—03	28.00	335
第19~23届"希望杯"全国数学邀请赛试题审题要津详细评注(高二版)	2014—03	38.00	336
第19~25届"希望杯"全国数学邀请赛试题审题要津详细评注(初一版)	2015—01	38.00	416
第19~25届"希望杯"全国数学邀请赛试题审题要津详细评注(初二、初三版)	2015—01	58.00	417
第19~25届"希望杯"全国数学邀请赛试题审题要津详细评注(高一版)	2015—01	48.00	418
第19~25届"希望杯"全国数学邀请赛试题审题要津详细评注(高二版)	2015—01	48.00	419
闵嗣鹤文集	2011—03	98.00	102
吴从炘数学活动三十年(1951~1980)	2010—07	99.00	32
吴从炘数学活动又三十年(1981~2010)	2015—07	98.00	491

哈尔滨工业大学出版社刘培杰数学工作室
已出版（即将出版）图书目录

书　名	出版时间	定　价	编号
物理奥林匹克竞赛大题典——力学卷	2014－11	48.00	405
物理奥林匹克竞赛大题典——热学卷	2014－04	28.00	339
物理奥林匹克竞赛大题典——电磁学卷	2015－07	48.00	406
物理奥林匹克竞赛大题典——光学与近代物理卷	2014－06	28.00	345
历届中国东南地区数学奥林匹克试题集(2004～2012)	2014－06	18.00	346
历届中国西部地区数学奥林匹克试题集(2001～2012)	2014－07	18.00	347
历届中国女子数学奥林匹克试题集(2002～2012)	2014－08	18.00	348
数学奥林匹克在中国	2014－06	98.00	344
数学奥林匹克问题集	2014－01	38.00	267
数学奥林匹克不等式散论	2010－06	38.00	124
数学奥林匹克不等式欣赏	2011－09	38.00	138
数学奥林匹克超级题库(初中卷上)	2010－01	58.00	66
数学奥林匹克不等式证明方法和技巧(上、下)	2011－08	158.00	134,135
他们学什么：原民主德国中学数学课本	2016－09	38.00	658
他们学什么：英国中学数学课本	2016－09	38.00	659
他们学什么：法国中学数学课本.1	2016－09	38.00	660
他们学什么：法国中学数学课本.2	2016－09	28.00	661
他们学什么：法国中学数学课本.3	2016－09	38.00	662
他们学什么：苏联中学数学课本	2016－09	28.00	679
高中数学题典——集合与简易逻·函数	2016－07	48.00	647
高中数学题典——导数	2016－07	48.00	648
高中数学题典——三角函数·平面向量	2016－07	48.00	649
高中数学题典——数列	2016－07	58.00	650
高中数学题典——不等式·推理与证明	2016－07	38.00	651
高中数学题典——立体几何	2016－07	48.00	652
高中数学题典——平面解析几何	2016－07	78.00	653
高中数学题典——计数原理·统计·概率·复数	2016－07	48.00	654
高中数学题典——算法·平面几何·初等数论·组合数学·其他	2016－07	68.00	655
台湾地区奥林匹克数学竞赛试题.小学一年级	2017－03	38.00	722
台湾地区奥林匹克数学竞赛试题.小学二年级	2017－03	38.00	723
台湾地区奥林匹克数学竞赛试题.小学三年级	2017－03	38.00	724
台湾地区奥林匹克数学竞赛试题.小学四年级	2017－03	38.00	725
台湾地区奥林匹克数学竞赛试题.小学五年级	2017－03	38.00	726
台湾地区奥林匹克数学竞赛试题.小学六年级	2017－03	38.00	727
台湾地区奥林匹克数学竞赛试题.初中一年级	2017－03	38.00	728
台湾地区奥林匹克数学竞赛试题.初中二年级	2017－03	38.00	729
台湾地区奥林匹克数学竞赛试题.初中三年级	2017－03	28.00	730
不等式证题法	2017－04	28.00	747
平面几何培优教程	即将出版		748
奥数鼎级培优教程.高一分册	即将出版		749
奥数鼎级培优教程.高二分册	即将出版		750
高中数学竞赛冲刺宝典	即将出版		751

哈尔滨工业大学出版社刘培杰数学工作室
已出版(即将出版)图书目录

书　名	出版时间	定　价	编号
斯米尔诺夫高等数学.第一卷	2017—02	88.00	770
斯米尔诺夫高等数学.第二卷.第一分册	即将出版		771
斯米尔诺夫高等数学.第二卷.第二分册	即将出版		772
斯米尔诺夫高等数学.第二卷.第三分册	即将出版		773
斯米尔诺夫高等数学.第三卷.第一分册	即将出版		774
斯米尔诺夫高等数学.第三卷.第二分册	即将出版		775
斯米尔诺夫高等数学.第三卷.第三分册	即将出版		776
斯米尔诺夫高等数学.第四卷.第一分册	2017—02	48.00	777
斯米尔诺夫高等数学.第四卷.第二分册	即将出版		778
斯米尔诺夫高等数学.第五卷.第一分册	即将出版		779
斯米尔诺夫高等数学.第五卷.第二分册	即将出版		780

联系地址:哈尔滨市南岗区复华四道街10号　哈尔滨工业大学出版社刘培杰数学工作室
网　　址:http://lpj.hit.edu.cn/
邮　　编:150006
联系电话:0451—86281378　13904613167
　E-mail:lpj1378@163.com